张萌 著

让你的时间更有价值

空闲时间就是你的未来财富

北京联合出版公司
Beijing United Publishing Co.,Ltd.

图书在版编目（CIP）数据

让你的时间更有价值：空闲时间就是你的未来财富 / 张萌著．— 北京：北京联合出版公司，2020.7（2020.8 重印）

ISBN 978-7-5596-3424-5

Ⅰ．①让… Ⅱ．①张… Ⅲ．①成功心理—通俗读物 Ⅳ．① B848.4-49

中国版本图书馆 CIP 数据核字 (2020) 第 099165 号

让你的时间更有价值：空闲时间就是你的未来财富

作　　者：张　萌
出 品 人：赵红仕
责任编辑：管　文
封面设计：胡振宇

北京联合出版公司出版
（北京市西城区德外大街 83 号楼 9 层　100088）
河北鹏润印刷有限公司　新华书店经销
字数 200 千字　880 毫米 ×1230 毫米　1/32　印张 9
2020 年 7 月第 1 版　2020 年 8 月第 2 次印刷
ISBN 978-7-5596-3424-5
定价：49.80 元

前言

PREFACE

你的人生可以逆袭

“你的人生可以逆袭。”

这是我想说的第一句话，也是本书的核心内容。这本书，你可以看成是自己的人生逆袭手册。

什么样的人可以逆袭？很大概率就是翻开这本书的人，因为翻开这本书，说明你很可能曾在希望和绝望当中打转，但是从来没有放弃过自己。除此之外，那些过得很好的人或自以为还算过得去的人，他们可能并不会翻开这本书。翻开这本书的人，他们有意愿过更有价值的人生，只不过目前还没找到适合自己的人生效率体系。

本书是一个完整且严谨的系统，能够帮有资格逆袭的人解决六个核心问题，为六大核心能力赋能，从而实现人生逆袭。

解决信心不足的问题

我得承认翻开这本书的人，都有逆袭的意愿。

但我不得不坦率一点说，不是所有有意愿的人都有信心。想让自己活得更好和相信自己一定能活得更好，不是一回事儿。所以，我们这个系统的第一步就是解决信心不足的问题。在这部分中，你将会看到那些成功逆袭的到底是怎样的一类人以及逆袭是怎么发生的。读过之后，你就会觉得，他们可以，你也绝对可以。

解决思维固化的问题

逆袭本身就意味着改变，改变要从思维开始。但是多数不善改变的人，都有一个不肯接受新知的大脑。我们从认知迭代的内在逻辑入手，讲明白怎么放下脑子里旧有的偏见，开始接受新知；从思维方面入手，阐述如何为自己构建新的认知模型；从学习的角度切入，告诉大家怎么做好新知的获取；从变现的模式开始，分享让新知落地的最好方式。思维变了，人生也就改变了。

解决目标不明的问题

人的努力有三个境界，黑着打、摸着打和瞄着打。把努力比作打靶，有的人是在黑暗中闭着眼睛瞎打，这是黑着打。有的是边打边摸索，根据结果不断调整打法，这是摸着打。有的人却是眼明心亮，瞄准了靶子再打，这就是瞄着打。想要成功逆袭，我们需要的就是“瞄着打”

这种高明的打法。

所以，想要逆袭成功，你得清楚地知道逆袭之后你想活成什么样。为了立好这个靶子，我们总结出了人生蓝图。人生蓝图就是人生模式，它指引我们即将展开的是职业、事业并重的双模型发展模式。我们不仅讲怎么设计自己的人生蓝图，还讲人生蓝图该怎么拆分。设计、拆分、迭代之后，目标不明的问题就不存在了。

解决能力不足的问题

不是每一个目标明确的人都能成功抵达目的地，逆袭更是如此。逆袭之所以叫作逆袭，就是因为能够在多数人感到绝望的境遇下取得成功，难不难？当然难。我们必须解决能力不足的问题。我们从商业思维、品牌管理、立体化运营、人性把控、掌控时代和树立边界六个角度赋能，让每一个逆袭者都能当好自己人生的 CEO。

解决资源紧缺的问题

如果用传统的精英标准来衡量的话，很多逆袭者也许只能算是草根。可能没有值得骄傲的学历，没有多么深厚的专业积淀，没有能够助力的家庭背景。反正就是别人能够用上的各种资源，我们基本上都没有。那我们就得学会打造自己的助力系统，这里我分享了让新手都能轻松上手的人脉变现系统，帮助大家从一个受欢迎的好人变成人人需要的有价值的人，而所有那些需要你的人都会成为你的助力者。

解决没有工具可用的问题

为了能够让我们的努力起到事半功倍的效果，在这里我分享了六个工具，分别是：高效学习的工具——学习五环法；精准把控时间的工具——时间颗粒度；提升执行力的工具——执行力四项原则；把精力运用到极致的工具——精力波点图；快速精进的工具——复盘；人生错题本。工欲善其事，必先利其器，有了这些工具，我们从获取新知到精进能力，都会更加得心应手。那么，逆袭自然会水到渠成，值得期待。

“奋斗者的人生终将逆袭！”

这是我写在前言当中的最后一句话，也是我作为所有逆袭者的陪伴者所做出的承诺。未来可期，向逆袭者致敬。

目录

CONTENTS

第一章

时间价值很高的人生是什么样子的

第一节：钱挣得不少的人生是不是就很贵了呢 003

第二节：已经 45 岁了，我感觉人生还能再贵一些 009

第三节：过想过的人生，谁说宝妈一定很废 014

第四节：势能高的人，人生才能很贵 020

第五节：低水平的勤奋换不来高质量的生活 027

第六节：用成长带动成长，用人脉开启助力 033

第二章

改变是怎么发生的

第一节：一切改变都从“换脑”开始 043

第二节：三个自己，让你的思维多些立体感 049

第三节：避开本能抗拒，快速获取新知 056

第四节：行走、读书、交友，获取新知的三条途径 063

第五节：坚持输出，在反复教的过程中领悟真谛 070

第六节：让新知落地，找到自己变现的模式 078

第三章

你的私人定制版人生应该是什么样的

第一节：谁在把别人的梦想当成自己的 087

第二节：开始私人化定制之前，先了解下规划公式 094

第三节：追问人生，设计私人化的人生蓝图 101

第四节：三个问题完成人生蓝图的复盘和迭代 107

第五节：意愿，为什么免费的人生蓝图总是动力不足 114

第六节：理性思考，对自己诚实也是需要能力的 121

第四章

奋斗的路上白骨森森，成功的人凭什么

第一节：做自己人生的 CEO，用商业思维盘点自己 131

第二节：经营自己，做好自己的首席品牌官 138

第三节：互联网能力金三角，三个角色与三种能力 145

第四节：搞定人，精准把握和运用人性 153

第五节：把握当下，拥有与时代和解的能力 160

第六节：在边界内做事，边界感是成事的防护罩 166

第七节：与危机共舞，在失败中淬炼成功 173

第五章

你的人生需要强大的助力系统

第一节：打破情商迷信，靠价值获得助力 183

第二节：人脉资源盘点，神奇的 10/20/150 法则 190

第三节：增强人脉黏度需要发现自己被需要的点 197

第四节：信任，只有靠谱的提供者才能被需要 204

第五节：发挥影响的力量，让跟随者成为贵人 211

第六节：跨层级人脉，相同的价值观才是真的自己人 218

第七节：无所不能不现实，但是却可以站在枢纽的中心 225

第六章

没有核心加速器，外挂开过头会怎么样

第一节：用问题倒逼学习，知识获取的减法智慧 235

第二节：时间错觉的秘密：敏感度和颗粒度 242

第三节：四大原则打造自己的执行力 249

第四节：精力波点图，打造专属精力观察神器 256

第五节：三次进阶，完成新手到专家的快速蜕变 262

第六节：成长再次加速，将复盘进行到底 269

01

CHAPTER

时间价值很高的人生是什么样子的

第一章

01 第一节 钱挣得不少的人生是不是就很贵了呢

我们所说的“让你的时间更有价值”和“从生活很废到人生很贵”到底应该怎么去理解？很多人在看到这个书名的时候本能的反应是，这应该是一本讲怎么赚钱的书。如果你真这么想，这是一件特别好的事情。我觉得从来不需要回避赚钱的话题，而且我们应该觉得赚钱且经济独立是一件非常自豪的事情。能拿赚到的钱帮助他人是值得学习的事情，人生不易，生活更不易，想要安身立命，不会赚钱是绝对行不通的。我们不仅要谈怎么赚钱的问题，还要谈得很深入，更要不遗余力地去践行。

我在喜马拉雅 App 上有一个课程叫作《下班轻松赚钱训练营》，熟悉这个课程的小伙伴应该知道它还有一个名字是《30 天学懂社交新零售》。可能你们不会想到，这个课程的名字还经过了相当长一段时间的命名之争。他们认为《30天学懂社交新零售》这样的名字显得更加专业，也更加雅致。但是我觉得这些比较专业的词对有些人来说带有天然的壁障，而且，如果连“赚钱”这样的说法都觉得是过于直接而羞于听到，也羞于说出口的话，那么赚钱这件事儿他们多半是做不好的。凡是深谙商业文明本质的人，是不会有这种想法的。

我一直说要让你的人生变得很贵。这个很贵，肯定是跟收入和财富有关的。但是却不只是教你挣钱的。我的课程当中有个非常重要的概念叫“财富高效能”，很多人凭直觉会觉得这应该是一个跟钱有关的词。如果让他们再说得稍微具体一些的话，他们会觉得这应该是一件讲更快地赚取更多的财富的事情。这是一种最直观、最本能的判断，我的课程助理经常能听到前来咨询的小伙伴有类似这样的表达。然后他们就会反馈给我说：“萌姐，我应该怎么跟小伙伴们解释这件事儿？”

我给他们的答案是：“当然是要先为他们点赞呀！但是点赞之后我们更需要告诉他们，还有一些必须掌握的东西还没有被提到，不过我们的课程里面都会有。”为什么这么回答？因为他们对这件事儿的基本判断和定性是相对比较靠谱的。如果是问：“这是一件什么样的事儿？”这样的回答起码在方向上是没有大问题的。但是我们所说的是，还有一些必须掌握的东西，它们的作用是什么？就是怎么才能更加靠谱地把这件事儿做好。

这里需要插一句的是，当提到我的课程助理的时候，我用的是“他们”，没错，因为这是一群人，而不是一个人或者是两个人。这些年一直在为小伙伴们服务的是我和我的助理们，而这些助理从来没有一个人在这个位置上做事超过两年的。都是因为在这个过程当中他们真正掌握了非常有价值的部分，然后就迎来了人生的“拐点”，改变就此发生。海涛是我的第二位助理，现在他已经是我们的核心事业合伙人了。这些能让改变发生的东西，它们到底是什么呢？这个答案我打算放在后面来说，现在让我们先来考虑一下这一节的核心问题：挣钱不少的人生是不是就很贵了呢？

这个问题完全可以看成是见仁见智的问题，我们也没必要非得弄一个标准答案。但是在我的“财富高效能”语境下，我得告诉你这个问题的答案是否定的。既然以“人生很贵”为目标的财富高效能本身就是跟财富有关的事情，那挣钱不少的人生为什么就不是很贵了呢？我们先来看一个故事，一个我“设计”出来的故事。

这个故事的主人公在圈子里面大家都叫她太阳姐姐，她现在是我的青创客，同时是中国天赋研究院的联合创始人，是一位资深的天赋定位导师，也是《天赋定位特训营》的创始人。她是金盾出版社的人才发展顾问，同时也是个人品牌训练营

MCN 的优秀学员。创业至今，她已经帮助近千名学员找到了他们的天赋定位和人生蓝图。

看到对于她的这段介绍，是不是觉得她还是蛮厉害的？她能取得这样的成绩，过这样的一种人生，我们确实会觉得这还是蛮厉害的。但是需要告诉大家的是，她并不是创业已经初见成效的时候才比较厉害的，也不是决定开始创业的时候才变得厉害的，而是原来职场当中的她就比较厉害。

当她还是上班族的时候，她的名字叫吴思潼。吴思潼这个来自浙江宁波的小姑娘，是个高级金领。那时候她是一家美国管理咨询公司的高管，拥有 12 年 500 强企业内训师的经验，曾经为超过 1000 家国内外的企业提供人才测评服务。每天共事的都是一些国际化的团队，出差都是在五星级酒店下榻，坐飞机也都是头等舱。生活在国际性的大都市，活动在世界各地的商业舞台之上。房子是有的，车子也是有的。挣到的钱自然也是比较可观的。这样的她厉害不厉害？答案是肯定的。

如果单纯是比较生活状态或者收入的话，一直都很厉害的她会让人分不清楚职场金领吴思潼和创业精英太阳姐姐到底哪个更厉害。但是我知道，她自己也知道。到底哪个自己更厉害一些，或者哪种人生才是她想要的？对于之前挣钱也并不少的职场生活，她的感觉是这样的："外人眼中的我，在国际大都市生活，有车有房有颜，无疑是人生的赢家。但是，内心深处，我并没有感受到快乐，而且我会时常感到恐惧和迷茫，因为我似乎找不到人生的方向。我扪心自问：‘我此生为何而来？如何才能活出真正的自己？如何才能度过有意义而不留遗憾的一生？’”这并不是一种矫情，那确实是她那时候的真实状态，这也是她对于这个问题的回答。同时也是对于我们这一节核心问题的回答。

挣钱不算少的人生是不是就很贵了呢？对她来说显然不是的，不然作为金领的她就不会那么恐惧和迷茫。那么真正很贵的人生应该是什么样呢？吴思潼的人生不是这样的，但太阳姐姐的人生是。是因为吴思潼是一个高级打工者，太阳姐姐是一个创业者吗？不是的。我从来不鼓励所有的人都去创业，更不会鼓励谁盲目地辞掉工作去创业，自然也不会觉得创业就比职场奋斗格调要高一些。但是为什么会觉得太阳姐姐的人生就要比吴思潼的人生贵一些呢？原因就在前面吴思潼的那些烦恼和恐惧当中，作为一个金领，她不仅没有幸福的感觉反而会感到烦恼和迷茫，甚至是恐惧。根本原因就是正在做的事情并不能给她带来充分的满足感和成就感。不管职位多高，也不管是挣到了多少钱都换不来她的认同感。或者换一种说法，她所从事的工作虽然给她带来了不菲的收入，但是她并不觉得这是一项能够体现自己人生价值的事业。相反，它只是一个职业。

现在，我们才算是说到了事情的关键之处，**我们所说的**

很贵的人生，首先它是跟收入有关的，它要能够让我们活得体面。然后它还必须让我们有一种价值感，从而给我们带来认同感和满足感。需要说明的是，我们所强调的是价值感而不是价值。要说价值，我相信只要我们用心去做，任何事情都是有价值的。但并不是所有有价值的事情都能给我们带来价值感。能够给我们带来价值感的事情，必须是我们真正认同的，觉得有价值的事情。而一旦有了价值感，成就感和认同感自然也不会缺位。千万不要忽视这种正向情感体验对我们的影响，它是我们的动力之源。价值感对我们的重要性，也是我在一开始就提出“钱挣得不少的人生是不是就很贵？”这个问题的原因所在。我们需要借这个问题，找到真正能给自己带来价值感的事情，找到自己的动力之源。然后，让自己的人生变得更贵一些，也就是自然而然的事情了。

02 第二节 已经 45 岁了，我感觉人生还能再贵一些

我先说几个比较扎心的事实，华为和阿里这两家公司，不管是从公司规模、实力，还是从薪资待遇上来说，在职场人士的眼中都绝对算得上是优先选择的目标了。要想进到这样的大家庭中，没有一路过关斩将的勇气、实力，是不太可能的事情。所以，不管是华为人还是阿里人，在谈到自己公司的时候他们脸上的自豪和得意都是一样的。

但是，就在不久前，华为爆出消息说将会用 10 个亿的赔付辞退 7000 名 34 岁以上的老员工。34 岁是个什么年龄？真的很老了吗？我们先来看看这些人进入华为的时候他们年龄是多大。进入华为这样的公司，不管是在学历上还是在专业上都要有亮眼的地方。一般最低限度也得是本科毕业，还有很大一部分人是硕士或

者博士，平均年龄也都在 25 岁上下了。也就是说他们真正待在公司的时间绝对不会超过 10 年。

对于奋斗在职场上的小伙伴来说，这就是传说当中的 35 岁危机。听起来是不是有一种毛骨悚然的感觉？我们从小学到中学，再到本科、硕士、博士，一直要求自己优秀一些，更优秀一些，为的不就是毕业的时候能够进入这样的大公司，拥有一份体面的工作吗？为了保住这份工作，辛苦努力这些都不在话下，甚至加班 996 也都没有怨言。可是要稳住自己的年龄不碰那个 34 岁的坎儿，那可真的是做不到呀。可是，这样的情况真的算不上悲催，甚至都不算是悲伤的故事。辞退 7000 名员工准备支付 10 亿的费用，平均十几万的赔偿怎么说也是一笔不小的收入。现实中还有很多被辞退的人，他们的故事比起这些可要悲伤得多了。

是因为他们能力不行吗，还是他们犯了严重的错误？恐怕都不是，主要的原因就是他们已经 34 岁了，他们在公司已经待了快 10 年了，太过安逸就会失去危机意识和前进动力，这对于个人成长和公司发展都是弊大于利的。所以关于这一点，公司绝对是认真的，也没有任何商量的余地。任正非先生直言，即使赔付 10 亿，也要坚决执行下去。巧合的是，一手创立了阿里巴巴的马云先生也曾说过：未来每年将会向社会输出 1000 名在阿里工作 10 年以上的人才。由此可见，虽然他们来自不同的公司，但是他们对职场精英的要求却是一致的：那就是不断学习，终生成长，保持自己的职业竞争力。这样个人跟公司才能同步发展，共同成长。

如果这些人的遭遇，听起来让人觉得伤感的话，那么我接下来要讲的这个故事更让人绝望。

这是一个真实的故事，不过我并不打算告诉大家她的真实姓名。刚认识我时，听她叫我“萌姐”，我第一次有了一种不太舒适的感觉。她 48 岁，但是看起来比实际年龄苍老很多。我并不想用“苍老”这个词来形容一个实际年龄并不算大的女人，但是第一次在课堂上见到她的时候，我的脑子里闪过的确实是这个词。这可能跟她的生活经历有关，她原本也是个很优秀的姑娘，可是命运却没有给她足够的眷顾。刚毕业的时候，她也有过一份不错的工作，那段日子她也对人生充满了憧憬，不久后也终于迎来了自己的爱情。可是在经过几年的婚姻生活之后，那个说好要与她白头偕老的男人却吸毒了，最终他们以离婚收场，留下一个先天脑瘫的儿子给她。一个女人独自带着脑瘫的儿子，为了给儿子治病，她几乎耗尽了所有财产，我想这就是她看起来显老的原因了。一直到孩子 10 多岁，她已经 48 岁的时候，她依然没有放弃这个孩子。这些年她最大的愿望就是让自己的脑瘫儿子跟其他的孩子一样学习知识、接受教育，拥有掌控自己人生的机会和能力。但是，十几年过去了，她想尽了各种办法，儿子还是没能认识几个字。

出人意料的是，即使如此，她依然没有想过要放弃。能在课堂上看到她就足以说明她渴望改变和绝不服输的倔强，我知道这就是希望所在。后来，改变终于发生了。现在的她是一位非常出色的国学经典家庭指导师，也是中国国学文化传承委员会的会员，已然是一位充满魅力的事业女性。当然，她的儿子也考上了中专，圆了他的读书梦。她就是以教儿子学习作为契机，来帮助更多感觉生活并不幸福的人。跟他们一起让生活发生改变，同时也让自己的人生从之前的很废，变成现在的很贵。

我从来不想给谁灌鸡汤，把她的故事讲出来也不是为了要煽情。无非是要说一句：**改变永远都不会来不及，也永远不存在不可能。**哪怕已经 48 岁，哪怕这时候自己的生活看起来很糟糕。决定改变能不能发生，永远不是这些看起来非常重要的外界条件，而是别人从来不会看到，但是自己却无比清楚的内心信念。故事主人公能够在令人绝望到窒息的境遇下改变自己人生的走向，凭的就是永不服输的坚持和倔强。也确实有不少人的人生，因为这种变故而彻底崩塌。但是我敢说早在这些人的生活崩塌之前，他们的心态已经崩塌了。所谓生活的崩塌，不过是这种心态崩塌的延续而已。

故事的主人公，现在正在以一位事业女性的姿态过着一种很贵的人生。而她的人生发生逆转的契机，也就是说她现在所做的事情，也给她带来了前所未有的成就感和满足感。

现在我希望的是，不管我们正在经历着什么，也不管现在的境遇看起来有多么令人绝望，都不要轻易说出“现在已经来不及了”或者是“我看不到任何改变的希望”这样的话。只要不让这样的念头主宰自己，只要不放弃寻找幸福的努力，就会在幸福力的加持下实现逆转，不管你的故事开头多么糟糕，都能够像这个故事一样拥有一个完美的结局。这不是鸡汤，而是改变发生的内在逻辑。从来没有来不及改变或者不可能改变的人生，只要我们还有改变的决心和勇气。

03 第三节 过想过的人生，谁说宝妈一定很废

过自己想过的人生，这是每个人都有的愿望，但是最终能实现的却只是很少的一部分人。曾经有不少伙伴问过我这样的问题：“萌姐，那些没能过上自己想过的人生的人，他们是哪里出了问题呢？”坦白说，这是一个不太容易回答的问题，我们很难给出一个适合所有人的标准答案。因为这个世界的复杂性远远超出了我们的想象。

虽然这个问题回答起来很难，但它的确是一个好问题。因为它能引导我们进行更加深入的思考，并在思考答案的过程中有所收获。这里顺便说一下什么问题才是真的好问题，在我看来，**那些随口就能给出答案的问题，或者只有一个标准答案的问题都不能算是好问题。好问题让人有所思而后有所得，而且允许不同经**

历的人，从不同的角度出发给出自己独特的见解，这才是真的好问题。就像小伙伴们提出的这个问题，相信不同的人从不同的角度会给出不同的答案，而且每种答案都有自己的独特之处和价值所在。而我在听到这个问题之后，也可以不受所谓标准答案的影响，在自己的语境下给出自己的答案。

对于这个问题，我的回答是这样的："虽然每个过得不如意的人，他们的问题不尽相同，但是无非就三种：因为没找到能够给自己带来价值感的事情而显得动力不足；因为太忙了，没时间去为自己想要的生活而奋斗；还有人有动力，也不是太忙，却因为没能找到正确的路径而没能达成目标。"

我说这个问题是个好问题，是因为它能让人有所思、有所得。那么通过这个问题，我又得到了什么呢？通过对这个问题的思考，我找到了一个破局的关键理念，借用一下罗振宇先生在跨年演讲中提到的一个词，我们把它叫作"抓手"。我们用这个抓手的理念，可以有效破解因为太忙而没时间为自己想要的生活努力的困境。具体应该怎么做呢？我们先来看看那些因为太忙而没时间为自己想要的生活而努力的人到底是一种什么情况。

处于这种困境的人经常说的话就是："一天天的也不知道忙些什么，琐碎的事情永远都做不完，该做的事情却一件都来不及做。"或者是："我也想要努力呀，我比谁都想要改变，天知道我有多想逃离这种无聊、无趣又毫无价值的生活。可是我能怎么办呢？我总得把眼前的事情处理好吧？”说得一点都没错，他们所说的那些必须处理好的眼前的事情，很多时候也真的是非做不可的。这些事情，你每天都要做，还要重复去做。而且做了之后十有八九是看不到它们的价值的。但是如果你不做，由此带来的负面影响却会来得很快、很猛烈。

前一段时间有个话题特别有意思，有些人说，你看那些优衣库的店员，他们天天都在干些啥？除了收钱的人还能干点有用的事情之外，其他的店员每天都在重复做着一件事儿，那就是把顾客弄乱的衣服叠好、放整齐。其实这件事儿本身倒也没什么，问题的关键在于，不出半小时叠整齐的衣服就又被顾客弄乱了，他们就不得不再次叠好，然后衣服再次被弄乱。这就是他们工作的日常，在凌乱和整齐之间不断循环，最后下班离开的时候店面就跟早上来的时候是一样的。但是他们这样努力地付出，价值体现在什么地方呢？完全看不到嘛。

到底有没有价值？当然是有价值的！只不过这种价值不容易被发现，只有在没有完成的时候才能体现出来。有无价值并不是我们讨论的重点，我真正想说的是，类似这样忙得抬不起头的人生又该怎么改变，他们所面临的那种无聊、无趣，看起来又没什么价值的困局又该怎么突破？这个问题具有相当的普遍性，处于这种困境当中的又何止是优衣库的员工，还包括所有服装行业的从业者、服务行业的从业者，甚至其他行业的从业者，乃至那些一直在为一个家庭默默付出的人。尤其是那些曾经也心怀理想的宝妈，她们的付出和辛苦可能远远要比上班族多得多。她们一天 24 小时不下班，而且全年无休。就是这样的一种远超 997 的付出还是他人完全看不见的，一天忙到晚就跟什么都没做一样，稍微让自己放松一下，生活就会变得一团糟。这样的人生真的还有改变的可能吗？我们先来看看那些已经发生了改变的人生，也许这当中就有我们想要的答案。

所有认识她的人都叫她 Hi 小姐，她现在是一位辣妈创业者，在升级成为妈妈之前也是一个典型的职场“白骨精”。作为一家规模不小的公司的市场经理，她每年都要乘飞机完成 8 万多公里的行程。长期出差的工作不仅辛苦，还让她的生活变得越来越不规律，身体也慢慢有些不适应，但是这些并没有让她有丝毫的懈怠，因为她有自己想要过的生活，她愿意为此付出努力。

可是这一切从宝宝出生之后就彻底变了，作为宝妈的辛劳自然是不必说的。让她难以接受的是这些辛苦完全看不到价值所在，更加糟糕的是，她发现自己身上有些可怕的改变正在悄悄发生着。谈到那段最为煎熬的日子，她有过这样的一段表述：“如果说顺产孩子的‘十级’之痛是风驰电掣，那么坐月子时的喂奶之苦便是每天用锯刀给自己‘上刑’。身体的痛苦让我常常从冷汗中醒来，通过认真审视我才发现：整个孕期我胖了 50 斤，妊娠纹在看不见的地方疯长；我的情绪疏解能力也变得越来越糟糕，一点点不如意就泪流满面；我的本职工作也因为宝宝的到来没有办法继续。后来再回到曾让我风光无限的社群，很多人都已经不认识‘Hi 小姐’了。连续的打击，让我陷入了轻度的产后抑郁。”

看到她的这段叙述，是不是觉得她的情况比其他宝妈还要糟糕一些呢？患有轻度产后抑郁的她，已经不只是没时间追求自己想要的生活那么简单了。这样的人生要怎么样才能变得更好呢？这确实是个问题。但是，Hi 小姐是优秀的，仅仅 4 个月之后，她的情况就开始变得越来越好。6 个月之后，一切都开始明朗起来。7 个月之后，她已经是一个光鲜亮丽的辣妈创业者了。产后第 7 个月产品上线，一天的时间变现 50000+，这期间她成功减肥 50 斤，精神状态自然也就不用说了。看起来这么糟糕的状态，在这么短的时间里发生了这么大的改变，Hi 小姐凭的是什么？

Hi 小姐最大的法宝就是她在最短的时间内找到了适合自己的“抓手”。什么是抓手？如果把我们的奋斗比作不断向上攀登的话，抓手就是那些能够让我们抓住或是落脚，然后发力向上的地方。我们人生中的抓手，我觉得**是能够让我们完成变现，获得生存资本的核心技能和优势。它可以是我们赖以谋生的工作技能，也可以是我们在某一方面更强的解决问题的能力。**

比如 Hi 小姐，她的抓手就是之前修炼的专业技能。以前在职场上，她的专业技能就要优于大多数同事，后来带宝宝根本没时间去上班。那也没关系，这种技能还在呀，把自己的技能进行拆分、归纳和整理，把它变成一种产品然后实现自主创业。这就是一个比较靠谱的抓手。不只是宝妈可以把自己的专业变成奋斗的抓手，我们之前提到的那些优衣库的店员，他们的人生可以变得更好吗？他们可以过上自己想过的人生吗？当然可以，不要说这种每天重复叠衣服的工作毫无价值，只要你在这方面做得比大多数人出色，它就能成为你攀登向上的抓手。要知道现在一个出色的整理师和收纳师，他们的收入也是非常可观的。

要想把这些变成自己的抓手，你还需要具备收取苟且红利的本领。凡事比别人多做一些，比其他人做得优秀一点。当别人还在苟且的时候，用自己多一点的付出收取他人的苟且红利。这样你手边的抓手就会越来越多，你用来破局的办法也就越来越多，不管这种困局是什么。

04 第四节 势能高的人，人生才能很贵

有一个问题我经常在课堂上提出，却并不要求大家当时就给出答案，而是让他们把这个问题的答案以文字的形式呈现出来。这个问题就是：“你觉得当下这个时代是个怎样的时代？”或“你怎么看待世界经济发展的形势？”等诸如此类的问题。

我要求他们经过深思熟虑之后给出自己的观点，而且还要说明理由。不懂怎么回答没关系，不了解也没有关系。你可以试着去学怎么回答，也可以慢慢地去了解，我会给他们留出足够的时间，直到他们能给出让自己满意的答案。

我还有一个习惯，当有些小伙伴在组建自己的社群的时候，如果他们来征求我的意见，我首先要看的就是这个社群的命名，如果他们

要以某个地区来命名的话，我就会建议他们把社群名字取得大气点。这时候，我会跟他们说："社群的命名不能太过小家子气，更不能自我设限。"

当有些小伙伴跟我说他们想要做某件事情，或者是正在做某件事情的时候，我会特别留意他们对这件事的表述。如果表达得不够大气的话，我就会采取不断发问的方式探求他们对于这件事的认知。比如，有个小伙伴说：

"萌姐，她们都觉得我化妆的技术很好，身边的人都想让我教她们怎么化妆。我想在这方面做点事情，这可能会成为我的抓手。"

这样的表述就不够大气，我就会接着问：

"所以，从本质上来说，这是一件什么事情？"

对方考虑了一下回答说：

"我觉得这是一种通过技能分享实现变现的事情。"

这样的回答依然显得不够大气。然后我的问题就会变得比较直接：

"所以，你是帮谁解决了什么问题？"

"我帮爱美的女人解决了化妆技术不好的问题。"

"所以，这件事情的本质是如何让女人变得更加漂亮，是吗？"

"对，就是这样的。"

显然，让女人变得更美，这样的表述才足够大气，也才是我想要的答案。

那么，你知道了我经常做的这三件事情，有没有想过我这么做的初心呢？

这是个什么样的时代？

怎么看待世界经济发展的形势？

这都是一些开放式的问题，它们的答案真的很重要吗？不是的，虽然我经常用这些问题来提问，但是答案真的不重要。那为什么还要经常问这些问题？因为这些都是好问题，还记得我说过的好问题的标准吗？没错，首先它们都是些没有标准答案的开放性问题，然后更重要的是它能够让人有所思、有所得。这也就是我如此发问的原因所在。

想象一下，当我们被问到这些问题的时候，我们需要怎么做？我们必须站在一个很高的高度来观察这个时代，我们必须用全国视角，甚至是全球视角来看待经济发展的趋势。当我们习惯于站在这样的高度来考虑问题或者是习惯这种视角之后，会有什么样的改变呢？会不会站得更高，看得更远，遇事考虑得更加全面？

把这些改变合在一起考量，就不难看出我是在升级一个人的格局。所以，这些问题在我的语境中不过是一个道具，至于说小伙伴会给出什么样的答案这还重要吗？重要的是他们寻找答案的过程，所以在抛出这些问题之后，我都会给他们留出足够的时间来观察和思考，并要求他们用文字的形式来呈现，因为这种直观的输入方式更加有利于他们的格局升级。

至于为什么连社群的名字也要帮他们改得大气一点，以及要把自己的想法描述正确至关重要，难道真的是为了说起来比较体面，更能够唬住别人吗？其实不然，这样做也是为了帮助他们提升格局。格局的高度，跟一个人的势能之间有着必然的联系。这里，我需要向大家介绍一个关键词——势能。

什么是一个人的势能？**就是一个人在做事的时候，所站的高度和在这个高度上所具有的眼界，以及在这种视角下考虑问题的深度。**这些对于一个人做事的成败有着非常大的影响，而这些也是由一个人的格局所决定的。

所以，不管是在课堂上还是在平时的沟通当中，我都在不遗余力地做着这件事，我得尽力去提升他们的格局，进而提升他们的势能。他们的势能得到了提升，做事的胜算也会随之提升。

为什么一个人的势能越高，他成事的胜算也就越高呢？我们努力奋进的路程更像是在走迷宫，我们在努力往前进。但是这里面到处都是死胡同，还有一些路会在你精疲力竭之后再把你带回到出发的地方。格局小、势能低的人永远只能待在迷宫里面奋力奔跑。而格局大、势能高的人呢？他站得更高，看得更远，这就相当于他配备了一架无人机来帮他观察情况。同样的努力，拥有无人机的人走出迷宫的概率要高得多。

有一个叫关关的姑娘，刚刚参加工作的时候也是热血沸腾，激情澎湃，立志要活成自己理想的模样。她也有活成自己理想模样的资本，一毕业就进了一家效益不错的日企，这一待就是10多年。

可是10多年之后，她却并没有活成自己理想的模样，长久枯燥的工作让她的精神变得越来越麻木，反而有一种一天不如一天的感觉。尤其是在结婚生子以后，社交圈也变得越来越窄，活动的轨迹就是家和公司，她总感觉一眼就能看到自己退休时的样子。这种确定性的未来带给她的不是稳定和心安，而是一种深深的绝望。

对于这过去的10年，她觉得就是逐渐衰退的10年。用她自己的话说就是："我是个在职场'混'了10年有余的日企员工。"这中间的一个"混"字把这些年她的状态表现得淋漓尽致。她深知现在的自己跟理想中自己的模样相差太远，她想要改变、想要有所突破，但是却迷茫得找不到方向。

也就是在这种情况下，她出现在我的"财富高情商领导力"的课堂上。她说是在出差的火车上听到有个叫张萌的"85后"女孩的故事，而后还特意买我的书来看，再然后她就出现在我的课堂上。她突然觉得能够和我一起找到人生突围的方向。最后，一切都开始变得跟以前不一样了：

以前在跟人交往的时候，她一直都固执地守着自己的一亩三分地，自己不出去，别人也休想进来。现在她开始尝试着让自己走出去，打破固有的圈层去认识更多不同的朋友。她开始参加校友会、读书会、学习会，在这个过程中，她认识了很多优秀的人，也见识到了具有更高格局的人生观。

以前在工作上，她经常会对比自己优秀的人心生嫉妒，经常故意不配合他们的工作。现在开始用欣赏的眼光来看待那些比较优秀的人，并虚心地向他们请教。不但自己的工作能力得到了提升，同事之间的关系也变得非常融洽。

以前，虽然自己也是个“学霸”，但是对于自己掌控的东西总是遮遮掩掩的，生怕别人偷学了去。现在她学会了分享，主动跟大家讨论。才发现讨论过后不仅自己掌握得更加牢固了，还得到了不少的完善。

…………

这个叫关关的姑娘现在已经是我们青创客的一员，她正在变得越来越好，她的人生也在变得越来越贵。我们完全有理由相信，她能活成自己理想中的模样。那么，你有没有发现她的改变是从哪里开始的？打破圈层的局限，结识更多更优秀的人，开阔自己的心胸，主动向比自己优秀的同事请教。打破自我思维，开启分享模式，把自己的技能和知识分享给更多的人。这其实都是在不断提升自己的格局，同时也是在为自己的“势能”蓄势。因为势能越高的人，她的人生就会变得越贵。这一点我和她都坚信不疑，她在开始这些改变之前曾跟我说：

“萌姐，我好像渐渐悟出了自己的问题所在：不管是在工作还是在生活中，我都太关注、太在意自己的得失了。说白了，就是在格局上差了很多。”

她所说的“格局”同时也是我所说的“势能”。我为了提升小伙伴们的格局而做的这些事情，就是为了不让他们再因为格局低而遭遇自己的“衰退的十年”。

05 低水平的勤奋换不来高质量的生活

第五节

我说过我们这本书是要教人既能赚钱又能找到人生价值的书。这样的人生是不是大家都想拥有？怎么才能有幸福感？我在前面说过一定要找到那个你真正喜欢的，能够给你带来成就感和自我认同感的事情。那么挣钱呢？我相信没有谁是不想挣钱的。但是你有没有想过，挣钱是大多数人都能做到的事情还是只有少数人才能做到的事情？我可以负责任地告诉你，挣钱绝对是只有少数人才能做到的事情。

让我们把这个问题再深入一些，那一小部分挣到钱的人，他们是怎么做到的？

他们很努力？他们很聪明？他们能力很强？他们选了正确的方向？他们能够坚持不懈？

没错，在那些已经挣到钱的人身上，你确

实能发现这些特质，但这都不是问题的本质。

努力吗？现在流行一句话叫作："努力到无能无力，拼搏到感动自己。"但是感动自己真的有用吗？曾经有小伙伴跟我诉苦说："萌姐，我真的已经尽力了，我已经非常非常努力了。为什么我还是没有成功？"其实我真想跟他说："有人跟你承诺过努力就一定会成功吗？如果真有人这么说过，那他一定是在欺骗你。"

你很聪明吗？那我可要告诉你了，这个世界上从来都不缺聪明的穷人。不信看看身边那些过得很不如意的人，你会发现他们其实挺聪明的。

你的能力很强？一个人拥有很强的能力赚钱就容易了是吧？这好像没什么问题吧？但是我还要给你分享一个词叫"能力陷阱"。对于赚钱这件事来说，那些陷入能力陷阱的人，他们做得也不是很好。

其他的情况也都一样，这少数能挣钱的人，他们身上都能找到些特质，但是这些特质并不是他们能挣钱这件事的本质。那么什么才是这件事的本质呢？这件事的本质就是，这些少数能挣钱的人，他们都是一些聪明的努力者。所以，当有些小伙伴诉苦的时候说："萌姐，为什么我那么努力还是没能成功？"我通常会跟他们说："那可能是你的努力还不够聪明。"努力不够聪明是说努力的人智商不够高吗？并不是。我要跟你说的聪明的努力是一种高水平的勤奋。我本人就是一个高水平勤奋的倡导者和践行者。我创业的这几年，每一年都会有很大的发展，我的倚仗就是这种高水平的勤奋。所以，我最反对的就是那种把自己感动到不行的、不够聪明的努力，这是一种彻彻底底的低水平的勤奋。因为这种勤奋的水平很低，它不仅不会让生活变得更好，还会平白浪费很多宝贵的资源。这种勤奋的前景只能是越勤奋，越窘迫。

那么高水平的勤奋，也就是聪明的努力，到底应该是什么样的呢？它是一套完整的体系，这里面既有思维的破壁，又有一套完整的方法论，还有一些非常好用的工具。我之前的一本书《加速：从拖延到高效》，讲的就是我这些年作为高水平、高效率勤奋倡导者总结和提炼的系统心法。当然，我还设计了几个非常好用的工具，比如我原创设计的《赢效率手册》，我们全体小伙伴都在用的“人生错题本”。

我问过那些前来听课的小伙伴，我说你们听到“萌姐”这个品牌，你们在看我的这些书的时候，我在你们的心目中是一个什么样的形象？如果说需要你们给我贴上一个标签，你们愿意给我贴上一个什么样的标签呢？我得到的答案基本上都是跟“高效”和“效率”相关的。他们觉得我能为他们赋能，让他们用同样的努力获得比别人高几倍的回报，让他们以比别人快几倍的速度获得成功。我想这就是对什么是高水平的勤奋最好的诠释了。所谓高水平的勤奋就是，**通过一整套系统中的思维升级、方法论和辅助工具，让自己以同样的努力取得数倍**

的回报。这也是我的“财富高效能”当中“高效能”的正确解读，财富高效能完整的解读应该是这样的：**通过一套高效系统，让我们更快、更加高效地过上一种富足且有意义的人生。**

这套从实践中总结出的高效系统对我们的人生会有什么样的作用？我在这套系统的助力下，通过自己的努力过上了这样的一种生活：从收入状态上来说，我能够凭借自己的勤奋让我爱的人过上体面且稳定的生活，我比较欣慰；从所做的事情的意义上来说，分享我奋斗的经验给更多想要改变自己人生的年轻人，让他们也过上这样的人生，这件事让我倍感自豪。我觉得这件事简直太棒了。你不光改变了自己的人生，还助力很多人让他们的人生也变得富足而有意义。还有比这感觉更好的事情吗？还真有，那就是这些在你的帮助下改变了自己人生的人，他们转过身去又改变了别人的人生。

为什么在常人看来很难实现的人生改变，在我们这里却能够一层层地复制下去呢？没别的，首先这是一群勤奋的人，然后就是因为我们有这套成熟又实用的高效系统，因为我们所做的是一种高水平的勤奋。就比如下面这个故事中的史领博，改变了自己人生的他和在他的帮助下也改变了自己人生的于小于，他们的故事可以给我们想要的答案。

史领博，一个曾经被低水平勤奋陷阱困住的男孩。说起低水平勤奋陷阱，他简直是又恨又爱。对他来说当真是成也萧何败也萧何，他之前的奋斗之所以效果不佳，就是因为掉进了低水平勤奋陷阱。后来他能成为一名青创客，也是因为他成功逃离了低水平勤奋陷阱。当他让自己成功远离低水平勤奋陷阱的时候，他收获的是远超常人的学习能力。这时候史领博就跟我说："萌姐，我觉得像我之前那样很努力但是却得不到什么回报的人肯定不少。我想帮他们一把，就像您当时帮我一样。让他们的人生也得以改变，可以吗？"

其实在高水平勤奋这件事上，他做得是非常不错的。只要他愿意，这件事完全可以成为他不断往上攀登的抓手。于是他就真的开始做了，当他把这些方法分享给他人，让更多的人远离低水平勤奋陷阱的时候，他收获的就是一份事业。

把这件事作为契机成为青创客之后，史领博讲了一个帮助别人逃离低水平勤奋陷阱，提升学习力的故事。他说在他的社群里有一个叫于小于的姑娘，她在一家酒店做前台。这是一个勤奋的姑娘。勤奋的她总是会抓紧一切可以运用的时间来学习新知，她也非常自律。但是她越是勤奋就越是困惑，因为不管再怎么努力都没办法让学习的效果变得更好一些。当她把自己的烦恼跟史领博诉说的时候，史领博感觉她现在的状态像极了之前的自己。他决心要帮助她改变，通过沟通，史领博发现于小于最大的问题在于学习的内容太过于宽泛而又不成体系。他给于小于制定的方案就是运用"核心知识点"法，将学习的知识点用自己喜欢的场景联动起来，然后再结合我的书《加速：从拖延到高效》中讲过的"单点突破"和"联想记忆”两种能有效提高效率的方法，形成一套完整的学习提升方案。于小于本身就是一个勤奋的姑娘，有了这套学习方案的助力之后，她的学习能力得以迅速提升。最明显的效果就是在开始运用新的学习方案后，仅用两个月的时间，她就成功晋升为酒店店长，同时还成为一个小有名气的自媒体作者。

毫无疑问，史领博也好，接受他帮助的于小于也好，他们都是勤奋的人。他们身上从来就不缺努力的勇气，他们缺乏努力的技巧。我们身处的当下，是一个极其复杂多变的时代。毫不夸张地说，我们的社会从来没有像今天这样丰富、复杂和多变，面对这样的社会，我们需要快速学习，以更新对身边事物的认知。在这样一个时代，高水平勤奋、高效率学习就显得更为重要，一旦掌握了高效的秘密，你就有机会拥有高质量的人生。

06 第六节 用成长带动成长，用人脉开启助力

有一种状态叫作开挂，有一种人叫作开挂者，玩过游戏的人对此都不陌生。对于绝大多数的玩家来说，开挂者是个毁灭者一样的存在。不管你的技术实力有多强，遇上这样的玩家基本上也就只有被虐的份儿了。但是现在这个词开始慢慢从游戏里出走，变成了我们习以为常的高频热词。那是因为在我们的身边，类似游戏里的这种开挂者越来越多，他们常常能给人带来近乎绝望的挫败感。

有一位技术出身的小伙伴，我们聊到这个话题时，他不断地点头表示赞同。然后，他给我讲了那个让他尴尬到无以复加的经历。那时候他还是一家公司技术部门的负责人，他的技术水平可以说是整个公司里的大拿，所有跟技术相关的问题都能给他带来很大的满足感。但

是那一次，他真的是遇到坎儿了。在他的带领下，全部门的人加班加点苦干了半个多月，不仅没能把问题解决掉，就连解决问题的方向都没搞清楚。好在就在他马上要崩溃的时候，问题得到了解决。但是问题解决的方式却让他五味杂陈，谈到那种感觉的时候，他说："萌姐，那一刻，我甚至开始怀疑我在技术上这10多年的付出。我开始犹豫还要不要做一个坚定的技术派。"

问题得到了解决，但是他却有这样的感慨，为什么呢？因为这个问题的解决是受了刚来公司还不到一个月的实习生的启发。这让他这个技术大拿有一种颜面扫地的感觉。不过，从那次风波以后，他真的发生了很大的改变。

现在，这个讲故事的人已经不是一个纯粹的技术派了，但是他解决技术问题的能力却提高了很多个层级。很多他自己解决不了的问题，只需要几封邮件、几通电话或者只是在微信上聊上一会儿，解决的方向就已经很明确了。他的这个转变就来自那个实习生给他带来的启发，那个实习生之所以能给出思路解决那个问题，并不是因为他是一个技术天才，而是因为他背后有高人助力。他的表哥是一家大型跨国公司的资深技术人员，他的解决思路完全是表哥点拨的结果。

"萌姐，一个人再怎么努力都不可能解决所有的技术问题。但是如果是一帮很厉害的人，那就有可能了。我要让这些比我还优秀的人成为我的'外挂'，这种开挂的感觉简直不要太好呀！”

说这些话的时候，他的脸上洋溢着怎么也藏不住的得意之色。我知道他现在已经是一个高端技术社群的核心了，这个社群里面有很多特别厉害的技术大神。但是听着他的话，我的心里想到的却是另外一个词——“圈层”，他所建立的这个社群就是一个以技术为核心凝集力的圈子，技术就是进入这个圈子的门票。如果单纯从技术上来看，这是一个很了不起的圈子，圈子里面的人都可以通过整个圈子的技术力量实现自己的开挂人生。

我们换一个角度看问题，假如有一天这个圈子里面的人想要自己创业，上哪里去寻找靠谱的合伙人呢？还是在圈子里面找吗？这不太合适。圈子里的人是都很厉害，但是大家厉害的地方都一样。你会的他基本上都会，他会的东西你也不陌生。但是一家创业公司可不是只要技术好就行的。这时候你就会发现你所认识的人基本上都是一些技术人员。为什么会这样呢？这就是圈层效应，它跟吸引力法则有一定的相似之处。

这跟现在所推崇的算法推荐的道理是一样的，在算法推荐时代，你会发现这样的一个情况。如果你在网上点开了一则娱乐新闻，第二天你就会看到更多的娱乐新闻，用不了多久，你眼里的世界就会变成一个充满了娱乐属性的世界。如果你点开的是一则诈骗类的新闻，第二天你同样能够看到更多类似的新闻，你眼里的世界就跟看到娱乐新闻的人大不一样。

大数据背景下的算法推荐会让我们的视野变得越来越窄，变现思维下的圈子、圈层会让我们的社交和人脉变得越来越窄。这句话，请你一定要记住。

就是因为他们底层的基本运营逻辑都是一样的功利性，算法推荐的底层的逻辑是什么？是流量，整个系统只对流量负责。怎么才能实现流量的最大化？很简单，就是投其所好。而且大数据的投其所好不是根据调查问卷得来的，而是根据你的行动痕迹分析出来的，这个结果可是非常精准的。它迎合的是你的本能而不是理智，什么样的东西能让你下意识地点开，它就向你推送什么。至于你是不是真的需要，会不会让你的视野变得越来越窄，会不会让人变得越来越浅薄，很遗憾，它的考量标准里面没有这个选项。

变现思维下的圈子同样也是这样，变现是整个圈子社交的核心逻辑。要想进入这个圈子，你得看看自己够不够分量。而这个称重的天平就是技术的好坏。至于说你是不是需要我的技术帮助，对不起，这不是我们要考量的，除非你也可以给圈子里的人提供同样的技术帮助。

有这样一个段子，相信不少人都听过。说一次商业研讨会结束以后，几个企业家相约去喝杯茶，聊一聊。这时候，有一位做连锁超市的企业家搭话说是不是可以一起去喝杯茶认识一下。然后空气突然就凝固了，这位企业家只好尴尬地说：

“我还有点事儿要处理。”就匆忙离开了。看着人走远了，留下来的其中一位企业家说：“你一个开超市的，跟我们又不是一个行业，瞎凑什么热闹？”可是相约喝茶的几位企业家他们也不是很熟，但是能坐到一起喝茶，就因为他们是一个行业的，是同一个圈子里面的人。

这样的单一圈层会有什么样的后果呢？我在新书《从受欢迎到被需要》中提到类似的案例，最直接的就是人员优势的极度单一。我遇到过很多想要自主创业的年轻人，他们最头疼的就是合伙人的问题。之前他们都是某个圈子里的核心，如果是在职场，这看不出有什么不好的地方。但是决定要创业了，一个公司方方面面的工作都要有人去做。这时候圈层的弊端可就突显出来了。他有自己的核心优势，但是却找不到不同的人来跟自己优势互补。不是可以让猎头公司推荐人才吗？我跟你说一个事实，猎头公司手里确实掌握着很多优秀的人才，但是只能让他给你推荐员工和下属。让他给你推荐合伙人，还真的不一定行！

这个困局又该怎么突破呢？我们先来梳理一下这一节的内在逻辑。

开篇的时候我讲了一个故事，告诉你拥有强大人脉的人就像是开了挂一样。奋斗的路上等着我们的困难远远超出我们想象，不管感觉自己有多么强大都不要选择一个人上路。所以我们要拥有自己的圈子，圈子里面那些优秀的人都会为我们助力。

然后我又说，算法推荐会让我们的事业变得越来越窄，变现思维下的圈子、圈层会让我们的社交变得越来越窄。当我们想要做事的时候才发现，身边根本找不到不同的人来优势互补。

所以，我是在说人脉的重要性吗？我认同人脉的重要性，但是我要说的东西还要更深一些。我是在说不要有自己的圈子吗？并不是，圈子是某种优势的强化器，在圈子的成员之间很容易形成这种优势的增强回路。比如技术，几个技术大神一番头脑风暴的结果绝对是值得期待的。

那么，我是在否定人脉的变现思维吗？不是，人脉变现是我的课程中非常重要的一个核心部分。人脉与朋友不同，如果不能用来变现，我们要那么多的人脉干什么？

所以，我说的是如何更高效地引爆你的社交能量，如何更好地在运用圈层利好的同时实现圈层突破，让更多不同的人来跟你实现优势互补，如何更加高端、更加体面地实现人脉的变现。到底应该怎么做呢？答案就是：**用成长带动成长，用成就换得成就，用利他帮助自我。**

就比如说我们前面提到的那个朋友，当他神采飞扬地跟我说他感觉开挂的人生有多舒爽的时候，我说相比较以前，现在的他真的已经很棒了，但是还有变得更棒的空间。为了自己的人生变得更贵，为了在奋斗的路上能够得到更多人的助力，必须有利他之心。有自己的圈子也不是什么坏事，但是对于圈子之外的人，只要对方需要而自己也有能力，那就先帮助他成长起来，先用你的优势来成就他。不要管他是不是技术派，越是不同的，越是值得你关注的。这样一来，圈层突破对你来说就不是什么难事儿了。当你需要的时候，在你帮助下成长起来的，你用自己的优势成就的那些人，他们都可以也非常乐意跟你形成互补关系。这时候你的社交资源才算是全面引爆。前提是，一定要有一颗利他之心，这是做成这件事的基本前提。

02

CHAPTER

改变
是怎么发生的

第二章

第一节

01 一切改变都从“换脑”开始

我们在前面讲了好几个身边小伙伴的故事，还讲了很贵的人生到底是一种什么样的状态。为什么要讲这些，而不直接说应该怎么做？因为我想要所有人都相信让时间变得更有价值，让人生变得很贵这件事情是靠谱的。不管我们想要做什么，这都是一个不可更改的铁律。**要想成事，必须得坚信这件事能成。**我们经常说的一句话叫“因为相信，所以看见”。当一个人并不确信一件事能成的时候，你把机会放在他面前，你猜他会怎么想？他想到的是：“凭什么是我？我没那个命呀。”你把方法告诉他，他也会本能地想：“这么做到底靠不靠谱？”就是因为他不相信这事能成，就算是看到了别人能成他也会想：“人家那么优秀，人家条件那么好，自然是能成的。可是我啥都没有，我感觉自己一点都不优秀。”没错，这些话是我经常听到的。这种思维就是我们经常说的“自我设限”，而自我设限在所有障碍当中影响是最大的，这个问题不解决，其他的一切努力都是白费。

所以，我讲这些身边普通人的故事给你听就是想要跟你说，跟这些人比起来我们真的什么都不差。他们能做到的事情，你没有理由不能，关键是你要相信你能。那么，坚定了信心，让所有人都相信自己能成事之后，现在我们是不是该聊一下具体应该怎么做了呢？不过，现在我并不打算马上就分享具体的方法和技巧。为什么？这里有一个问题大家先考虑一下：我们都想赚钱，可是我们到底是靠什么挣钱的？这个问题大家认真思考，我先给出我的回答：**“不管是什么行业，也不论是什么人，我们都是通过认知来挣钱的，我们挣的都是认知的钱。”**

这个答案听起来可能不太好理解，但有一段话应该是大家比较熟悉的：“人永远没办法挣到自己认知范围之外的钱，除非你有特别好的运气。可是凭运气挣到的钱，迟早也会凭自己的实力全部赔进去。”

如果还是不好理解的话，我们再回想一下身边的人，当你把一件比较靠谱的事情告诉了不同的人，有些人就能以此成事，但是更多的人听到这件事之后会不停地研究、琢磨、衡量，就是没办法开始。甚至还有一些人，他们在听到之后会嗤之以鼻。同样一件事情在不同的人身上产生的结果差别这么大，为什么？就是因为他们有着不一样的认知。所以，如果想要改变人生状态，首先要改变的是他的认知。而改变认知模型，就是我在分享怎么办的方法之前所要做的事情。**如果不改变一个人的认知，你就不可能让他的人生发生任何变化。**这句话，你一定要记住。

这种情况在现实当中数不胜数，典型的表现就是分享的人觉得求教的人总是抓不住问题的关键，领会不到事情的本质。而请教的人也会觉得，大人物说话都那么不接地气，甚至敷衍、搪塞。虽然嘴上不说，但是双方都觉得这种体验很糟糕。请教的人是诚心请教，分享的人也是真心分享，出现这样的结果就是因为双方的认知差距。你不改变他的认知，就不可能让他相信你说的话。

比如李嘉诚先生，他经常对年轻人说的一句话就是："以人为本，先做人、再做事。"稻盛和夫在分享自己的成功秘诀时说的是："除了拼命工作，不存在第二条通往成功的道路。"很多人在听到这两句话的时候会有一种摸不着头脑的感觉，不是因为这两句话有多么高深，而是因为他们不敢相信所谓的心得和秘籍竟然就这么简单。这种认知差距不在他们的理解能力上，而在于他们看问题的高度和深度上。但是当这些人与李嘉诚和稻盛和夫的认知及思维高度之间的距离并不是那么大时，这些人很轻易就能听明白他们到底是在说什么，并能够迅速运用到实践当中，让自己的人生发生重要改变。

举个例子，我在 2013 年创业初期时，也读了很多经典的书。我有一个习惯，就是做读书笔记，我会把当时所见所思总结到我的读书笔记中。随着我创业和阅历的积累，到 2017、2018 年的时候，我突然发现在看同一本书的时候，我的读书笔记居然跟前几年记录的内容完全不一样了。等到去年我在写作这本书前又重读了同一本书，发现理解的深度又不一样了。这说明当一个人的认知得到提升的时候，面对同一个事物的看法也会不同，这也说明如果你始终停留在原有的认知高度，那你终究不能理解那些非常厉害的人物的思考方式。

在分享者和请教者之间，有时候他明明听清楚了你所说的每一个字，但是却一点都不理解你所要表达的内容。这就是我现在不准备分享具体方法的原因，因为在对方的认知没有改变之前，你想要给的，对方未必能接收到。而当他接不住的时候，他甚至会质疑你说的话。这几年，我陆续推出了数门经典创业课程，先后指导很多同学创业，他们的人生都发生了很大的改变，都说遇见我是一件很幸运的事，是我让他们的人生发生了以前不曾想过的改变。其实对于我来说，遇上他们我又何尝不是幸运的那个人，也正是他们人生的改变成就了现在的我。所以，每当他们说“我们要感恩萌姐，未来奋斗的路上会一路相随”的时候，我都会跟他们说：“因为感恩，我会一直陪伴着你们，但是需要感恩的那个人应该是我。”

这样的对话，会不会觉得很融洽也很温馨？可是，我必须实事求是地告诉你，事情并不是一开始就是这个样子的。很多小伙伴与我相识的方式其实是很特别的，我印象比较深的是一个叫小陈（注：为保护对方隐私，在此用化名）的小伙子，他和他的女朋友都是我的青创客。在我的印象里，他是一个沉稳坚毅甚至稍微有些固执的人。这也许跟他多年当兵的经历有关，这个刚退伍不久的小伙子第一次出现在我的课上时就成功引起了我的注意。他不像其他人那样兴奋和好奇，他眼睛里是没有什么温度的。他听课时的坐姿也跟别人不一样，把两条胳膊交叉抱在胸前，这是一种典型的防御和抗拒的姿态。那时候我就在想，今天他坐在下面听我的课，但是我所说的话他不一定能听得下去。那天我本来是要分享人生规划蓝图的方法的，他的姿态让我对分享的内容做了调整。我加入了“改变行动先要改变认知”的内容，在这个过程当中，他的胳膊慢慢放了下来。但是别人在鼓掌的时候，他只是象征性地抬了下胳膊。

后来我们再见面的时候，他已经是我的青创客了。那天他在台上分享自己的心得，他说：“第一次其实我是来踢场的。我是陪着女朋友来的，来这里是为了不让她上当。来之前，我觉得她是被一个叫‘张萌’的人迷住了，我觉得我肯定不会。因为我自认为是一个非常有主见的人，没那么容易被人忽悠。所以我陪她一起来，我想让她看清楚事情的真相。

可是现在，我跟她说能不能把结婚的预算来做一份事业。都说生活需要仪式感，对于年轻人来说，还有比结婚更加需要仪式感的事情吗？我们的回答是，有。那就是人生改变的开始，它更需要仪式感。所以，我把事业开始作为结婚的纪念。我们觉得对于我们的婚姻，这才是最棒的仪式。”

一开始就明显带有对抗情绪的人，后来把改变人生当作结婚的仪式。我知道，这是因为在他刚刚坐在课堂上的时候，我没直接告诉他你要怎么怎么做，你的人生规划应该分几步走，你的人生会发生什么样的改变。他要是听我说这些，估计很快就会站起来走了。不是说这些东西不好，而是说在他的认知跟你调整到同一频次之前，你说的这些东西的价值他完全看不到。你们所在的高度不一样，角度不一样，会导致你们对于同样一个事物得出完全不同的结论。所以，我要说的是：**当我们想要分享一些东西给别人的时候，或者是想要跟别人一起做些什么的时候，我们首先要做的就是改变他的认知，把双方的认知调到同一个频次。**因为任何改变都是从认知的改变开始的，一起都要从“换脑”开始。

02 三个自己，让你的思维多些立体感

第二节

我们会做什么样的事情，取决于我们怎么看当下这个世界，也包括怎么看待自己。虽然我们都生活在同样的社会环境当中，但是在不同人眼里，这个社会的样子是不一样的。这取决于我们看世界的角度，说不上是对是错。就像盲人摸象的故事那样，大家面对同一头大象，因为几个人所摸的部位不一样，所以得出的结论也各不相同。但是他们谁都没有撒谎，从这个角度来看，他们都是忠于事实的。可是我们也没办法说他们是对的，因为他们所描述的大象的形状跟事实确实存在着很大差距。我们对现实的认知也是如此，我们作为个体面对这个社会就像盲人面对大象一样，在整个社会面前我们都是盲的。因为我们无法做到全知全能，就算是资深的社会学家也只是站在某一个

角度上，帮我们看清楚社会的某一个特征。虽然看清楚全部细节的想法不太实际，但是比别人看到的多一些却是非常有可能的。而且比别人多看到一些，我们就越能靠近现实，对现实的把握也会更精准，做事成功的概率自然也就会比别人更高。

为了让大家成事的概率都能比其他人更高一些，我将从看到“三个自己”入手，帮大家构建起立体思维模式。这三个自己分别是昨天的自己、当下的自己和未来的自己。也就是自己的过去时、现在时和未来时。做到这一点对我们还有什么帮助呢？最起码下面的这些问题你是完全能够避免的：

1. 被过去所束缚

有些人一直生活在过去，沉浸在过往中无法自拔。无论过去是取得成绩还是遭受失败，如果不能自拔，这些过去都会变成我们进一步发展的障碍。我接触过很多想要改变自己人生的年轻人，但是当我把某种可能性展现在他们面前的时候，有不少人就因为受到过去的束缚而变得犹豫不决。他们通常是这么说的：

“萌姐，我觉得我做不到，因为我之前尝试过做出一些改变，可是人家成功了而我却失败了。这个事儿可能别人能做成，但是我不一定能行。”

“萌姐，我觉得我不一定能学得会。我从小就是班里成绩比较差的，我好像就是比较笨的那种人。别人能学会的东西，我都学不会。”

“萌姐，你看我是从特别偏僻的小山村里来的，没有别人见的世面多。现在跟别人一起竞争，我心里特别没底。”

当然，还有一些人，他们的心里话通常不会直接说出来，但是从他们的态度中我能读懂潜台词。一般那些不会直接把想法说出来的人，他们的过去通常是比较值得骄傲的。当我跟他们说现在需要从零开始做一些事情的时候，他们的脸上会露出尴尬而不失礼貌的微笑。我知道他们是被昨天的自己给束缚住了。或许他们有良好的家庭背景，或许他们曾经是学校、公司里的佼佼者，也或许他们曾有过自己事业的第一曲线。正因为他们的过去都有值得骄傲的地方，现在从零开始他们觉得有些跌份儿，但是又不好意思明说，所以只能报以这种不失礼貌的微笑。但是能读懂这笑容的人都知道，他们是被自己的过去束缚住了。

2. 低头拉车，不抬头看路

有一种很鸡汤的说法叫“看重过程，看轻结果”。意思就是说，你只管好好做事，不要总惦记着结果会怎么样。只要踏踏实实做事，好的结果自然就会来找你。还有一种说法叫活在当下。其实这些想法可能会让人产生误解，只看重过程，不惦记结果，这多半不会有好的结果。因为你自己都不知道会走到哪里，只知道低头拉车，从来不会抬头看路，这样翻车的可能性是非常高的。而活在当下这话原本是没有错的，可是很多人都会理解成只关注当下。只关注当下，你连未来都不看、不想、不琢磨，又凭什么能够拥有美好的未来呢？

3. 明天的面包喂不饱今天的胃

未来人的思维是很多有远见的人都比较提倡的，强调的是要学会站在未来看现在，现在很多疑惑不解的问题就能迎刃而解了。这确实很有道理，很多在当下觉得是天大的事情，用未来思维一看，其实根本就算不了什么。自然也就不那么纠结了。但是只关注未来，同样也会被未来思维所限制。就有这样一些人，他们在别人眼里可能什么都不是，但是他们总能表现出不可一世的样子，我们通常把他们所呈现出来的这种毫无来由的骄傲叫“迷之自信”。其实这当中有一部分人并不是盲目自信，他们是因为有自己的理想，觉得未来可期，所以表现得很高傲。有理想本身不是什么坏事，他们的问题就出在过早地活在未来当中，完全忽略了当下的现实。可能在他们的理想当中，未来的自己会很成功，所以他们会经常说：“我将来可是要做大事的，这种小事我根本就不在乎。”处于这种状态下的人，多半是已经忘记了当下才是通往未来的必经之路。明天的面包是喂不饱今天的胃的。

如果能够同时看到昨天、当下和未来的自己呢？注意，我们强调的是同时看到三个自己，一个都不能少。昨天的自己、当下的自己和未来的自己所代表的是我们看待问题时三个不同的角度，以及考虑问题时的三个维度。我想和你分享的是运用这三个自己去构建立体化思维，然后去对照我们所遇到的一切问题，凡事皆要有境才能修。

比如看待机会，乐观的人看到的是利好，悲观的人看到的是风险。这两种人哪一种能在机会面前获得更大的发展呢？只看到利好的人，会不计成本地把所有的一切都投在这个机会上，只考虑怎么才能把利益最大化，而丝毫看不到隐藏的风险。这样的人，即便飞得很高，也会摔得很惨。而只看到了风险的人呢？是不是就安全了呢？也不会，因为只看到了风险，就会想尽一切办法跟机会保持足够远的距离。他们以为这样就安全了，可是每一次机会的到来会成就一大批人，而这些人的崛起所造成的一个结果就是淘汰掉一批不作为的人。而躲开机会就是一种典型的不作为。所以，只看到利好的人会因为逐利而被淘汰，只看到风险的人因为追求安全也会被淘汰。而那些抓住机遇崛起的人，他们一定是既看到了利好，又看到了风险，同时他们也搞清楚了应对风险的举措。不然他们不可能借着风口的风力越飞越高，并能够平稳着陆。**这就是立体化的思维，立体化的思维要求在面对同一个问题时，至少能够从三个不同的角度展开思索。**

再比如，当别人教我们解决问题的方法时，同样需要这种立体思维。不然很有可能适得其反，别人用这个方法能够很好地解决问题，但是自己用同样的方法却只带来麻烦。什么意思呢？所有解决问题的方法，也包括我分享给你的方法，都不是要大家照搬照抄，而是要将这些方法灵活地应用到自己的具体问题和情境中。请大家记住，今天所有的困局都是昨天解决问题的方案。我们永远活在不断破局，又不断制造新的困局的循环中。世间唯一不变的就是变化本身，这是人类做事的铁律，不是谁能改变的。所以，当我把这些方法分享给不同的人时，他们的做法也是不一样的。有的人只学会了方法本身，但如果只是照着我所说的话“抄作业”，他们的问题很有可能无法真正得到解决。有些问题看起来相似，但是在不同的人身上其实是不完全相同的，所以照搬方法有时候效果会不太好。而有的人不同，他们能看到方法的延展性。他们会自己拓展这个方法的使用范围，这样自然就会得到举一反三的效果。同时还有一种人是我很欣赏的类型，这种人既能看到方法的局限性，还能预见这样的解决方案将来可能会带来什么样的麻烦。有效性和局限性是方法的一体两面，由方法的内在逻辑所决定，不会因为你看到了就能避得开。但是看到了它的局限性就能早一点破局，被新困局困住的时间更短，也就意味着赢的机会比别人更多。能做到这一点，同样需要立体思维。

看到方法、看到延展性、看到局限性，就跟我们强调的看到昨天的自己、看到当下的自己以及看到未来的自己一样，它们的内在逻辑都是三位一体的立体化思维。我希望它能成为你改变自己思维时的重要法则，以后不管是遇到问题、获取新知，还是在学习我分享给你的方法时，都要用立体化思维来考量，这样你就会拥有不一样的思维，从而赢在起跑线上。

03 第三节 避开本能抗拒，快速获取新知

前面我们讲了三个自己，其实是为了让大家养成用立体化思维来看待问题的习惯。那具体都要看待什么问题呢？从来没有遇到过的情况，从来没有听说过的想法，从来没有接触过的人，以及其他所有对我们来说不再显得陌生的事物。对于这些事物，我们用一个词来界定，这个词就是“新知”。每次我讲完课之后，都会要求他们做复盘，复盘当中有非常重要的一条就是，“我获得的新知是什么”。其实我们迭代人生的过程就是不断获得新知，然后把新知用于实践，并把新知用来变现的过程。这其实就是新知从获取到变现的过程。其中最难的是什么，是实践还是变现？都不是，最难的是新知的获得。是我们接触不到新知吗？绝对不是，我们接触到新知的途径很多，也很容易。

获得新知之所以难，我曾经做过一个比喻：我们就像《雨巷》里那个撑着油纸伞的姑娘，在细雨中行走，但是雨丝接触不到我们，为什么？因为我们撑着一把油纸伞，伞纸上有一层油膜，它对雨丝是绝缘的。我们的认知也是一样的，也有一个对于新知的绝缘膜，这层膜你可以把它叫作潜意识，也可以理解为本能反应。可是，不获得新知，所有的改变就都不可能发生。这困境怎么解决，分享一个方法：清空自我。

清空自我到底有多重要？我讲一个自己的"事故"。

没错，这是我的一次事故而不是故事。2016 年前后我参加过一个心灵成长班，因为那时候我被查出甲状腺多处结节，那段时间我的情绪管理能力很差。事情过了很久之后，我问公司里的小伙伴，那时候的我究竟有多么糟糕。结果他们描述的那个人让我听着都汗毛直竖。他们说："那时候，你开会时随时都有可能把文件摔在桌上，然后再摔门而去。而且摔门比摔文件的劲儿还大，我们都有一种感觉：这样的力度再来几次，这门真的就会毁在你手里。有次你跟海涛（我当时的助理）聊工作，你竟然把电脑和手机砸在他身上。更气人的是，你竟然说砸坏的东西让他赔……"当然，那段时间我跟其他人的关系也好不了多少。

就是在这样的状态下，我参加了这个心灵成长班。这个班是在夏威夷上课，大概有 80 个人，多数都是已经有了些成就的企业家。当时上课的老师说我们的课程有一个特点，也可以说是一个要求，那就是上课时感动的话一定会哭出来。就是这句话一下子引爆了我的负面情绪，因为在旧有的认知里面，上课又喊又叫，还让人哭出来，这算什么呀？当时我就给我的课程介绍人打电话，她是我非常敬佩的一位大企业的高管。在电话里我跟她说："完了，我进了一个可怕的机构。"对方就在电话里安慰我说："张萌，你先试着听听看，我跟你保证这绝对不是你想的那样。"出于对她的信任，我决定留下来听听看，但是心中的成见却没有就此放下。

然后更糟糕的事情发生了，因为在课上老师讲了很多心理学方面的知识，而我过去专门研究过心理学，所以当别的同学都在认真听课的时候，我在以一个内行人的身份挑刺。老师在上面讲大课，我就跟我的学习搭档讲"小课"。我的学习搭档是一个企业传承人，一个比我还小两岁的姑娘。我就一直跟她说："你看，这个老师讲的这个知识点其实是不准确的，他这个地方是不应该这么说的。"课程结束时，所有的企业家正如老师说的一样听完之后都哭了，但是，看着他们哭，我竟然笑出了声。跟我搭档的这个女孩也跟老师要求不要跟我一起学习了，她说我严重影响她的学习效果。

后来一位长辈单独跟我谈话，我也是跟他说："你看他这里讲得不好，那里讲得不对。"他就一直听着，然后跟我说："张萌，你这不是在听课，你是在打擂台。你不觉得你一直在试图证明自己有多厉害，有多么正确吗？你也是做培训教育的，应该知道清空自己的重要性，为什么就不能试着清空自己呢？”我用了一整晚来反思自己，然后试着清空自我，放下旧有的成见。再次上课的时候，我竟然惊奇地发现原来老师讲得好有道理呀，再后来我进入状态竟然比其他人还要快，当然我的问题也真的得到了解决。

现在能看明白了吧，清空自我到底有多么重要。我们平时都会遇到一些人，不管你怎么跟他讲一个新的事物，你给他掰开了、揉碎了、反复地讲，你所说的每一句话他都能听明白，但他就是不相信。这就是因为他始终都不肯清空自我，不清空自我就没办法躲开本能的操控，本能地拒绝一切跟旧有认知不匹配的东西。在这种状态下，他是不可能接受任何新知的。

那么，这是不是说我们在面临新知的时候，就要完全放弃一切判断，完全接受新生的事物呢？如果你这样做了，那就又错了。无条件地接受一切新东西，丝毫不做判断，这样翻车的概率是非常高的。那我们到底应该怎么办呢？不是说要清空自我吗？清空自我确实是需要的，但是清空自我是为了不在还未全面了解新生事物之前就因为它与我们的旧有认知不匹配而本能地选择拒绝和否定，这样我们就会丧失接受新知的能力。当然，也不能因此完全放弃自己的思考和判断，在系统了解了新生事物之后，必要的思考和判断还是要有的。因为新生事物是我们之前未曾接触过的，用我们旧有的认知很多时候也无法做出客观的判断，也就是我们经常说的“想也想不明白”，这种情况该怎么办呢？这就要用到第二步：学会提问。

看不清楚、想不明白的可以在这些地方画上一个问号，这些问号就是新旧认知融合的开始，也是思维迭代的开始。等到把这些问号解决后，你就会发现你的认知又到了一个新的高度。怎么解决呢？有两个方法，一个方法是探索和试错，自己寻找答案，这样做的人都是某一领域走在最前沿的人。对我们大多数人来说，我们并不需要这么做。我们需要做的就是借助别人的智慧来解开自己的疑惑。要想把这件事做好也不是那么容易，最大的问题就是找不到对的人来问。当面对一个新的机遇摇摆不定的时候，有可能会找一个比自己还不了解情况的人来问。最典型的就是：

“要不要创业呢？我也没主意，等我回去问问我妈妈。”

“到底是顺产还是剖宫产，我跟闺密商量一下。”

而现实情况很可能是，妈妈已经做了多年的全职主妇，除了一家人的吃穿用度，她基本上没关心过别的。而闺密很有可能还是个没有结婚的单身女性，在生育上也没有知识积累，更不可能想到哪种生产方式会更好一些。

为什么我们经常会做出这样的举动？因为人在迷茫无助的时候会本能地选择找一个情感关系比较近的人来咨询意见。觉得对方是我的亲人，我们关系很好，他应该不会坑我的。凡是有这种想法的，请记住这句话：**那些关系很亲密的人不是**

不会坑你，只是不想坑你，但是他们却会因为自己的认知局限在想帮到你时又实实在在地把你坑了。所以在解决疑惑这件事上我们找人的标准不是关系的亲疏，而是他在这方面的专业度和权威性。通俗一点来说，我们应该向那些过来人请教。所谓的过来人，就是你想要做的这件事，他曾经做过并且做成了，他有成功的经验可与你分享。你现在遇到的问题，他也曾经遇到过，并且成功地解决了。这才是你需要请教的那个人。我希望你记住这句话：**你当下遇到的问题，可能早就有人经历过，并成功地找到了解决的方法。你需要做的就是找到这个人，并向他请教。**

我之所以有底气跟你分享如何改变认知，如何学会更高级、更体面地赚钱，不是因为我是一个做培训课程的老师，而是因为我是一个有一些经历的创业者，我们现在有 7 个不同业务的子公司。教育培训公司只是这些子公司当中的一个，除了我之外，我们还有很多其他优秀的老师。并且我们有一个共同的特点，那就是，我们能讲课不是因为我们课讲得有多好，而是我们在某一个领域做事做得完整。我们把事做成了，还帮助别人把事做成了，这就是我们给他人分享的底气。我们不能一边说一定要向那些做成过事情且乐于分享的人请教，一边找一些从没创业成功过只会讲课的人来教他们，这也不符合我们自己做事的逻辑。

下面我们来画重点，这一节我们讲了避开本能反应的两个关键。第一个关键是要清空自己，不然新知就无法进入我们的大脑。第二个关键就是学会画问号，并想办法把这个问号解决掉。这是新知和旧有认知融合，也是我们思维迭代的过程。如何把这个问号解决掉，我分享了两个途径，一个是通过试错去验证，然后判断。这是行业先锋要做的事情。但是对于大多数人来说，我们要做的就是以人为师，找到那个做成过事且乐于分享的人，向他请教。

04 第四节 行走、读书、交友，获取新知的三条途径

2017 年 5 月 1 日，在我的公众号“张萌萌姐”发布的每日“萌姐六十秒”当中，我跟关注我的小伙伴们说你们继续努力，我要开始自己的欧洲之行了。那一条的音频标题叫作《行走有力量之欧洲行》，其实这场前往欧洲的旅行我想了很久，一直都没有下定决心去。因为大家知道在创业这件事上，我确实很拼。我的时间划分是非常精细、准确的，甚至可以用分钟为单位来计算，我走路很快、吃饭很快、讲课也很快。我甚至会把三天的课程一天讲完，一顿午餐的时间，我除了吃饭之外还能录制一节 10 分钟的音频课，或者是见一两个合作伙伴解决问题。我在喜马拉雅 App 上面的很多音频课都是用这样的碎片时间录制完成的。

所以，当很多小伙伴听说我对时间是这么

吝啬的人，竟然用一周时间去旅游，还是去欧洲那么远的地方，去北欧的丹麦还要去东欧的波兰。他们都觉得有些出乎意料，萌姐不太可能把这么长的时间用来旅行。有些小伙伴竟然直接给我发信息说："萌姐，你怎么舍得花这么长的时间去那么远的地方旅行了？"

还有一些比较体贴的小伙伴竟然发信息鼓励我说："做得对，萌姐。你早该这么做了。你平时把自己绷得太紧了，早就该出去走走，给自己放个长假了。"

我当时就在想，他们可能真的是对旅行存在着一定程度的误会。误会就在于我们以为旅行是一种简单的散心和放松，对于时间来讲就是一种单纯的消耗。

那么，旅行对我来说到底是什么呢？我很认真地告诉你：旅行对我来说叫"行走有力量"，是获取新知的必要途径。所以，我这一天的语音标题是《行走有力量之欧洲行》。行走为什么是有力量的？因为能开阔眼界、获取新知。为了让更多小伙伴明白这一点，2018 年 1 月，我带着 2017 年"又忙又美励志女性人物"选拔赛的冠、亚、季军乘坐"歌诗达大西洋号"游轮又去旅行了将近一周。这次我们去的是日本，这又是一次行走有力量的展示，这是行走，是游学，是交流。这次日本之行当中，我们一起开展演讲比赛，一起深度剖析自我，一起开复盘战略会，一起做互联网直播，这些是什么？这不就是获取新知吗？这不就是学习吗？

可是，为什么会有这么多的人对旅行这件事有那么深的误会呢？那是因为他们旅行的方式不对。我们一般出去旅行都是吃好、玩好、看风景拍照、发朋友圈等。这些是不是很熟悉？有多少人去旅行就是这么度过的，甚至有些人只单纯为打卡拍照。到了地方就忙着拍照、P图、发朋友圈，甚至都没来得及好好欣赏美景。这样的旅行可不就是消磨时间吗？

要想把旅行变成行走，变成获取新知的重要途径，我告诉你最为关键的几点，你用这几个要素做一个攻略，相信你的旅程会有不一样的感觉：

第一，那里有没有你想学习领域的行业大咖，或者是你敬仰的前辈？如果有，看看有没有可能去拜访一下，哪怕需要绕一些路。怎么跟这些人建立联系？后面我会与你分享具体的方法。

第二，这里有没有让你心生向往的企业，想办法走进它，体会它的魅力所在。你可以以面试者或者是参观者的身份走进它。只要你想，方法总会有的。

第三，一个合适的同行者是非常重要的。这个合适的标准不在于你们关系亲疏，而在于他身上是否有你想要学习的东西，跟他一起出行能否让你获益匪浅。相信你身边总有让你钦佩或者想要成为的那类人。

第四，如果以上这三点都没有，那就放弃打卡的念头。别忙着拍照、发朋友圈。清空自己，让自己全身心融入大自然，体会大自然的神奇。或者静心与昔日的伟人做灵魂的沟通。这些都可以提升自己的格局和眼界。

如果真能做到这样，你的旅行就会跟我一样不再是时间的消耗，而是提升自我、获取新知的重要途径。可是旅行这件事，毕竟是有钱有闲才能做的。偶尔为之还行，经常这样做还是有一些难度的。现在我就再跟你分享几类除了旅行之外的获取新知的途径：

读书

我们当中的绝大多数人都读过很多的书，但是并不一定真正懂得读书。作为一个想要改变自己人生的人，要想会读书，一定要做好下面的几件事。

1. 态度

说起态度，我说的不是认真、细心这些东西。这些是我们在学校就应该学会的东西。我跟你说一下我读书的态度。首先我得承认，在读书这件事上，我其实是有点“功利”的，因为我只读那些跟我的目标或者是跟我想要的生活紧密相关的书。要想通过读书来获取新知，就得放弃一定的休闲娱乐时间。你所读的这些书，要么能够帮你开阔视野、增长见识，要么能教给你一些解决问题的方法。不然，我宁肯劝你不要读书，因为读书说到底还是挺耗费资源的。先不要说买书的费用，就光是用来读书的时间就是我们无法承受的成本，如果它不能给我们以同等的回报的话。

2. 选书

选书这件事儿，真的是挺有技术含量的。我告诉你几个拿来就能用的原则，希望能对你有所帮助：

不管是鸡血还是鸡汤，这些书读着让人热血沸腾，合上书什么都抓不住，我不建议你去读。还有些所谓的暖暖的、治愈系的书，我也不建议你去读。靠这些治愈的功能让自己继续躲在舒适区里，那样的人真的很难成事。

有些高大上的书，读不懂也不要读。有不少人把读书看作是挣面子的事，觉得不读几本哲学、心理学、社会学的书就显得自己不够高端。读管理类的书动不动就是阿米巴经营、扁平化管理，这些东西可能并不是你需要考虑的问题。相对于这些高端的读物，不如读一些怎么写好一篇文章、怎么把业绩搞上去的书，这样的书回报率更高一些。

现在的书实在是太多了，选书也是一件特别耗费精力的事，那就不如让一些前辈高人帮你推荐一些书来得更加高效。

3. 方法

时间和精力太少，要读的书太多怎么办？我一年读的书起码在 200 本以上。怎么做到的？我的方法是“剥皮抽筋”。千万别以为把一本书读到倒背如流是一件光荣的事情，那没啥好骄傲的，只能说明你是在读死书。我的方法就是通读一遍，快的话两个小时，慢一点四个小时也够了。这个过程中把非记不可的内容标记出来，然后用思维导图的形式把这些要点串联起来，拼出这本书的骨架。这种读书方法，对90%以上的书都是适用的。那些真的值得细读的书，建议你作为案头书，随时翻、慢慢读，这种书想在几天内就读透也是不可能的。

交朋友

还有一个特别重要的获取新知的方法，那就是交朋友。关于如何通过交朋友更好地获取新知，我给你分享一个靠谱的方法，叫作七个人物法。

这个七个人物法我在《人生效率手册》中提到过，那时候我说七个人物法是用来帮大家确定目标的。我建议大家把自己最想成为的七个人列出来，因为这是一个长期的目标，所以选的人物最好是非常优秀的人物，然后把他们身上你最希望具有的硬本领选出来，每个人身上选一个，一定要具体。剩下的就是想办法修炼这些硬本领。

现在我用这个方法教你怎么通过交朋友来获取新知，你可以适当做一些改动。选择你身边最佩服的七个人。具体使用的时候，前后的人物和硬本领的顺序也要做一下调整。你需要先客观认识自己的现状和未来的发展方向，然后从每个人身上找出三项硬本领，通过归类整理出你要修炼的前三项硬本领，再把这些硬本领对应到身边的人身上。然后跟他们交朋友，从跟他们的交往中耳濡目染地去学习。事实证明，这也是一个非常棒的学习途径。

扫码关注微信公众号
“张萌萌姐”

· **回复“书单”**

即可获得

“萌姐个人升级必读书单”

05 第五节 坚持输出，在反复教的过程中领悟真谛

我先来给大家描述一下我在上课时一些雷打不动的流程吧，以便你们对此有一个更加直观的认识。

首先，任何一次开课之前，我都会提醒大家记笔记，并给大家介绍一个特别好用的记笔记方法——康奈尔笔记法。这个方法为什么好用？稍后我会给你讲清楚。

然后，我会一边讲一边在旁边的板书支架上写板书，我的板书一般都写得比较快，字迹也会比较潦草。别问为什么不写得工整一些，其实我完全可以写得更加工整一些的。我这么做的原因，稍后再做解释。

等我讲完一部分之后，我会对照着板书上的知识点进行领读，要求所有人都要大声地读出声来。我会让紧挨着的两个人结成学习搭

档，我在领读的时候他们要互相监督，想偷懒是绝对不行的。

领读结束之后，结成学习搭档的两个人之间要展开对练。5 到 10 分钟的时间，对着自己的搭档把重要的知识点复述给对方听。不用担心记不全，记不住的地方让对方给你提示。

但是这些还不算完，课后还有任务。第二天来上课的时候，学员们要做好头一天课程的完整思维导图。这个思维导图我不建议独自完成，可以两个人也可以几个人一起通过讨论完成。

在我的课上千万不要想着，等到了课后再做加深和巩固。我知道很多人都有这样的想法：我现在先听课，等全部听完了我再想办法记住。不管他们是不是承认，我都要说一些事实，凡是有这种想法的人十有八九到课后也就搁置一旁了。根本就不存在课后再学习这回事儿，而且就算是在课后真的能够想起来再学习，也不太可能对整个课程进行完整的复盘。所以我不会给任何人到课后再巩固学习的机会，因为我的原则就是要对结果负责。

我把我的课堂流程在这里分享出来，是希望你看明白，我所做的每一步其实都是在带着你一起输出，而且还是反复输出，从口头输出变成书面输出。为什么要这么“折磨”听课的学员呢？听课难道不是只要认真听讲、做好笔记就可以了吗？当然不是。因为**反复输出是巩固新知的最佳途径**，没有这个过程，很多明明听懂了的知识也会转眼就忘。为什么很多人在上课的时候感觉什么都知道了，等到课程结束了才惊恐地发现什么都没记住？明明是记了笔记的，但是不管怎么努力就是没办法把这些知识点归拢起来。这就是他们没有及时做输出的结果。

现在我们再回过头来把前面留下的两个疑问解决掉。首先我给大家分享一下非常实用的康奈尔笔记法，这是你进行第二遍输出的基本保障。因为第一遍输出是在我的带领下完成的，我读一句大家跟着读一句，这没有什么难的。但是要进行第二遍输出，对着你的学习搭档进行知识点复述的时候，如果没有康奈尔笔记法的帮助，你恐怕很难顺利完成。

康奈尔笔记法，名称的由来和发明者的信息我们不做过多的介绍，想了解可以自己去查。我们直接来说怎么用：

康奈尔笔记怎么记？简单来说，就是对你的笔记本进行简单的分区。首先靠近笔记本的左边，从上面一直到整个笔记本五分之四的位置，宽度约为整个笔记本宽度的四分之一。这个区域我们把它叫作提示栏。下面区域的高度占整个笔记本高度的五分之一，宽度为整个笔记本宽度的整个区域，我们叫作概要区。剩下的最大的那一块区域，我们叫作笔记内容区。

我需要告诉你的是，这几个区域的划分，我们没有必要遵循这么严格精准的划分比例，重要的是通过区域的划分给笔记

随书笔记

□ 大纲

□ Notes

□ 总结

的后续操作留出必要的空间。只要尽量给笔记内容留出足够大的空间，有地方做梳理就行了。不然，我们就很容易满本子乱记，把知识点写得满满当当的。后面老师开始梳理归纳了，发现已经没地方下笔了，再翻页吗？把提示的内容写在下一页根本不是那么回事儿。

最开始的时候，我遇到过很多这样的学生，一开始记笔记可认真了，紧跟我的步调，我写什么他在下面也跟着写什么。可是我开始对这些知识点进行梳理的时候，他就马上不知所措地盯着我发愣，我就知道他肯定是没有地方写了。

分好的区域我们应该怎么用呢？课程当中提到的知识点，我们直接记在这个笔记的内容区。然后我们在对这些知识点进行梳理的时候，需要对这些知识点进行归纳，写一些提示性的内容，这部分内容就写在左上角的提示栏当中。

当你对这些内容进行思考和消化之后有了一些自己的心得体会，可以对它们进行高度的浓缩和提炼了，那就把这些概括的文字写在笔记本下方的归纳区。从使用顺序上来说，应该是笔记内容区域在先，其次是提示区，最后才是概要区。

整个康奈尔笔记法，我要求听课的小伙伴都这么记笔记，我在板书的时候也是遵从的这个原则。所以每次开课之前，我都会先把这个笔记法教给大家，这样大家就不会在记笔记的时候出现问题了。

现在再回过头来看上课的流程就不难发现，不管是我的领读还是学习搭档之间的复述，都是在一遍一遍的输出当中完善这个笔记。因为我知道，就算是使用了康奈尔笔记法，也不是每个人都能把笔记100%记录好的。一是因为我的语速比较快，想要紧跟我的思路就一定不能走神；另外一个是我的板书比较潦草，别人不一定能看明白板书的内容。

为什么我不写得清晰一点，让大家都能看清楚呢？现在回答这个问题。我把板书写得有些潦草，听课的人就能在听的时候先有一个印象。因为有些东西还没有记清楚，所以我在指着板书领读的时候，他们就不得不高度集中注意力，先搞明白再把笔记记清楚。这样就能让他们在课上集中注意力，至于说概括栏的使用，他们可以留在课后讨论制作思维导图的时候再写。

不管是康奈尔笔记，还是我在课上课后的一系列流程，都是为了让新知牢牢地印在我们的大脑中，让我们从反复的输出中加深对新知的印象。

但就算能做出漂亮的思维导图，也不一定能达到我对输出的最高要求。我对输出的最高要求是，看看是否有人愿意为你的输出埋单。用最简单的话说就是：**学会的最高标准是会教，会教的标准是有人愿意为你的输出埋单。**

这是一个完全内化的过程，你再讲出来的就不是我讲给你的东西了，已经完全变成自己的了，这才算是真正学会了。在这一点上，我见过做得比较好的就是我们的青创客白杨师姐。

白杨师姐刚开始准备做青创客的时候，我问过她：

“如果要你给自己定一个目标的话，你希望自己三年后的年收入是多少？”

她当时对这个问题好像并没有认真思考过，考虑了半天跟我说：“萌姐，我三年以后要是能有5万的年收入我就比较满意了。”

那时候她一个月的工资差不多是几千元，三年时间工资差不多涨一倍。用职场的思维计算涨薪速度的话，这样的速度好像也还蛮不错的吧。但是现在情况如何呢？

白杨师姐2019年的营收应该是500多万。这是个什么概念？也许在创业领域这好像算不上什么了不起的事情，但是对于她当时的预期来说那可是整整超出了一百倍。这么出色的成绩她是怎么做到的？

这肯定是有多方面原因的，但是我觉得她身上有一个特别厉害的能力就是转化和输出的能力。这种能力厉害到什么程度呢？她来听我的课程，经过课上的一系列反复输出和强化，她已经掌握得很好了。下课后，她总是第一个把做好的复盘笔记以及学习心得分享在群里，供其他人学习，并随时根据他们的建议进行版本的升级。

这样用不了多久，她就能自己开一次同样的课程。一般我每做一次直播她用不了三天就能做一场同样的直播。我经常去她的直播间，也会忍不住为她点赞。而且她直播的变现能力很强，也就是完全达到了别人为你的输出埋单的标准。这才算是完全学会了，这种程度的学会可不只是能够通过输出变现这么简单，那些已经被完全内化了的新知正在时刻改变着我们的行动，让我们变得越来越棒，越来越强。

06 第六节 让新知落地，找到自己变现的模式

我在上一本书中，一直在强调最核心的关键词就是“人脉变现”。其实也不只是人脉，变现是很多厉害的人物做事的一贯原则。前面说过，在读书这件事上我算是比较“功利”的，这是我读书的基本态度。在工作上也同样如此，不仅要变现，还要追求高效的变现。同理，我们讲获得新知，思维迭代也是要用来变现的。上一节我说的是要为你听课的效果负责，就是要让大家听了记得住。现在我要说的是要为你的行动效果负责，要让大家记住了还能变现。如果大家什么都学会了，什么都记住了，却没有落实，那之前所有的努力就变成了没有价值的消耗。我希望你思维的改变体现在行动上。

这本书我们的核心关键词是怎么让你的时

间更有价值、更有意义，更高效地赚钱。我们现在讲的思维的升级也是为了更好地实现思维变现。那么我需要说一下变现的模式，因为只有选择了一个合适的变现模式，才能有一个更好的变现结果。我经常跟大家说的一句话就是：**赚钱靠模式**。模式对了，钱就来了。什么是赚钱的模式？所谓赚钱的模式，就是赚钱这件事背后的逻辑和规律。这个东西我们可能看不见，但它是真实存在的。就像我们说的 1 + 1 = 2，我们看不到为什么结果是 2，但这个逻辑依然成立，我们做事情就是要遵从这个逻辑，不然事就不可能做成。赚钱的模式也就是基本逻辑是什么？是**把看得见的钱分掉，挣背后看不到的钱。**这句话应该怎么理解？我们看几个非常棒的赚钱模式，看看这背后的基本逻辑是不是这样的？

2008 年，我还是一个准备创业的大学生，作为中国青年代表参加 APEC CEO 峰会，当时“未来之声”组委会将青年与导师共同分组学习，我非常有幸得到马云先生指导。随着对阿里巴巴的深入了解，我越来越觉得它的赚钱模式真的很了不起。马云先生说，让天下没有难做的生意，做一个大平台让别人来做生意。卖货的钱都是店家赚走了，平台收的那点管理费用连公司基本的投入都无法做到平衡，很多人都很疑惑，阿里巴巴到底靠什么挣钱？这么做不是在跟自己过不去吗？可后来有了支付宝，有了阿里妈妈。阿里的钱也随之越挣越多，它挣的是什么钱？支付宝也好，阿里妈妈也好，都是为了保证卖家和买家之间的交易更加顺畅，为了他们能够更好地做生意，但是却能够给阿里带来非常可观的收入，这就是让天下没有难做的生意背后看不见的钱。什么是这件事当中看得见的钱，当然是这些人做生意赚的钱，这些钱阿里不挣都让商家去挣。这不就是把看得见的钱分掉，挣背后看不到的钱吗？

还有一个故事，就是我经常在课堂上讲，小伙伴们也百听不厌的江西美容院老板娘的故事。这是一个非常典型的因为改变模式而让钱更好赚的案例。去年她的营收是 5000 万左右，而最早我们刚认识的时候，她一年的营收仅有 500 万左右。需要肯定的是，当这家店一年营收 500 万的时候，她做得也是非常出色的，不然在一个三四线的城市也不会有这样的营收水平。她来找我是因为她感觉营收已经碰到了天花板，不管再怎么努力都很难有提升了。了解了她当时的营收模式，我知道这事的关键根本就不在努力上面。我问她现在是怎么挣钱的，挣的是谁的钱？她说当然是通过做美容、卖产品挣钱了，肯定是挣那些爱美的女人的钱。于是我给她的建议是，在现有的会员当中锁定给她带来 80% 营收的 20% 的高端客户。你们一定要记住，不管是在哪个领域，这个二八定律都是存在的。真正让你挣到钱的就是一小部分客户，这部分客户的客单价是非常高的。

我让她在锁定这部分客单价非常高的高端客户之后开始

分钱。怎么分？只要介绍一个朋友进来，就把这个新客户身上的利润全部分给这个介绍新客户的老客户。力度一定要大，因为我们知道平常打折、代金券根本打动不了这些高净值客户。这样一来，就会进来新一批高净值客户。我跟她说把你这些高端客户建立一个社群，当时的名字叫“江西女神会”，因为她们都是一些消费能力特别强的女人，她们喜欢这样的名字。可是，新客户的利润都分给了老客户，不还是等于没挣钱吗？这样的新客户再多好像也没什么用呀？我问她这些高端客户还有什么特点？她说她们中很大一部分都是一些家里条件比较好的全职主妇，孩子都大了，有大把的空闲时间可打发。我就让她带着这些女神到处去旅游，作为对她们的回馈，由美容院埋单。然后她们就成了非常要好的朋友。

后来她说：“萌姐，接下来应该怎么办呢？该分的钱也都分出去了，该花的钱也都花出去了。”我说她们还有哪些痛点是没有被满足的？她说一个是孩子的教育问题，一个是夫妻关系的处理问题，这都是让她们头疼的事儿。最后她就建立了“女神读书会”和“亲子教育大会”，她们在女神读书会通过读书提升自己，就不用担心会被社会淘汰，也不用担心跟家里的那一位无话可说了。通过邀请夫妻关系专家讲课，夫妻关系也会有所改善。而教育市场也是一个非常大的消费市场，因为大家都是特别好的朋友，她们都特别相信她，她就请来顶级的亲子教育专家为她们服务。原来在美容上挣到的钱，那是看得见的钱她分掉了。而她们在其他方面的消费是看不见的钱，她挣到了，就这样一个模式的转变，她的整个营收就一下子提升了 10 倍。而原来的客户呢？自然也不能丢弃，把其他客户的利润分一部分给店长，让店长负责店面的运营。而她只管带着这帮女神满世界地旅游、读书，做起了高净值用户运营。

我们所从事的行业可能是不一样的，我们的核心硬本领也是不一样的，我们用来变现的具体途径也不相同。我没办法为所有人都找到一个适合自己的变现模式，但是我能给你提供赚钱模式背后的基本逻辑。这个基本逻辑为什么那么好用？那是因为在它的背后还有一层逻辑，那就是**人性的内在逻辑**。什么是人性，就落地变现而言，我用一句话来概括：这个世界上最难做的事情是把别人口袋里的钱装到自己的口袋里，以及把自己的思想装进别人的脑袋里。

我们的新知要落地变现，肯定是要挣钱的。但是如果我们直接奔着钱去，那基本上也挣不到钱，就算是能挣到也会很难。一来直接挣他的钱他很在意，二来这样挣钱的人太多，会极度压低你的利润。而把看得见的钱分掉，挣背后看不见的钱所遵循的就是这样的人性逻辑。按照这个基本逻辑制定的变现模式，不仅体面，而且容易。

这一节我分享给你的是挣钱的模式，这是我们让新知变现的基本逻辑，同时也是我要分享给你的新知的一部分。你领会了这一点，变现之路就要顺畅得多，结果也要比大多数人好很多。这条模式的基本逻辑就是把看得见的钱分掉，挣背后看不见的钱，这条基本逻辑之所以好用，是因为它符合人性的基本逻辑。所以，我要说的是**赚钱主要靠模式，而模式要符合人性。看懂人性然后再按照整个基本逻辑找自己的模式，才是最靠谱的变现方式。**

03

CHAPTER

你的
私人定制版人生
应该是什么样的

第三章

01 第一节 谁在把别人的梦想当成自己的

我经常问身边的小伙伴，我们是一群什么样的人？我把我们这一类人叫作“异类”。因为我们是跟大多数人都不太一样的少数派。

下班以后别人都告别工作开始生活了，我们却在一个叫作“下班加油站”的地方不断刷新自己的认知，提升势能。每当周末或者节假日，别人都在休息放松的时候，我们这帮人却要跨越千里聚集到一个地方学习。这跟工作和生活泾渭分明的多数派确实有些不一样，所以我习惯性地管我们这样的少数派叫作异类。

就是这样的一种状态，累吗？实话实说，有时候确实觉得挺辛苦的。但是要问为什么主动过这样的苦日子呢？所有的异类都会说，累是肯定的，但是并不苦。

累和苦有什么区别？这是完全不同的生活

状态，有的人做的事情很多，会比较累，但是并不会觉得苦。有的人整天什么事情都没做，根本谈不上累，但是日子过得却很苦。为什么？

这两种不同的生活状态，其实就是有梦想和没有梦想的区别。我不想过度夸大梦想对我们人生的重要性，也从来不会说人要是有了梦想做什么事情都不会觉得累。这样的论调，我们并不陌生。不少鸡汤派的人生导师都在不遗余力地宣扬梦想高于一切的论调，好像人只要有了梦想就可以万事大吉了。

但我想说的是，当我们谈到梦想的时候，应该看到的是目标对于人生的重要作用，而不是沉溺幻想，一直鸡汤下去。我们同样强调梦想和目标对于人生的重要作用，但是我想要给你分享的是梦想有限论。什么是梦想有限论？也就是说，梦想的作用是有限的。有梦想的奋斗同样很累，这一点我们这些异类深有体会。但是这样的累是一种非常愉悦的疲劳感，因为这种愉悦感的存在让我们拥有更强的韧性。也就是让我们比其他人更能坚持，因为这种累它不苦。

苦是精神和身体的双重疲累，容易让人绝望，容易让人放弃，容易让人颓废。而这种健康的疲惫感当中的愉悦感就是梦想和目标给的，这就是梦想对于我们的作用。

关于目标对人生的作用，请一定要记住：目标并不是万能的，我们不能指望它帮我们解决所有的问题，但是它至少能起到三种作用。第一，它是指南针，甚至是导航，对于我们的人生和努力的方向起到指引的作用；第二，它是发动机，它能给我们源源不断的动力，当别人已经筋疲力尽的时候，我们还有力量再搏一把；第三，它是安慰剂，没有谁的奋斗是一帆风顺的，当别人觉得苦不堪言的时候，绝望到想要放弃的时候，你只是觉得有些累而已，稍微缓一缓很快就能满血复活。

可是，梦想和目标的这三个好处并不是谁都能体会到的，因为经常会有人反过来问我：

“萌姐，有了梦想和目标真的有你说的那么神奇吗？为什么我体会到的跟你讲的不太一样呢？”

“萌姐，我觉得我也是个有梦想的人，但是我还是觉得奋斗太苦，人生也太苦了。”

我知道他们这么问不是故意要让我难堪，因为这种情况确实存在，他们的疑惑是实实在在的。可是这明明跟目标的三种作用是不一样的，出现这样的情况肯定是哪里出了问题。到底是我所说的目标的三个作用不够准确呢，还是他们自己的梦想出了问题？一般我都会通过如下一小段对话，让这个问题变得更加明了：

“可以聊一聊你的梦想吗？你的梦想是什么？”

“我的梦想就是做一个自由自在的背包客，去所有我想去的地方，再不用为了工作和金钱烦恼。就像诗歌里面写的那样‘劈柴、喂马、周游世界’。”

或者是这样的：

“为什么你的梦想是成为一个医生或律师呢？”

“我爸妈从小就教育我，想要成为一个有出息的人，要么成为一个医生，要么成为一个律师。这样才能过上一种体面的生活，爸妈脸上也有光彩。”

再或者是这样的：

“你这个梦想是怎么来的呢？”

“因为我处在一个有梦想的团队当中，我们所有人都有这样一个共同的梦想……”

在反复的沟通当中，我发现所有对目标的三个作用有不同感受的人，他们理解的梦想都跟上面的几种情况很像。他们错把幻想中的享受方式当成梦想和目标了。当背包客，周游世界，再也没有工作赚钱的烦恼，这是一种纯消费形式的享受，根本就不是一个明确的目标，因而也不能称之为梦想。

为什么它就不是梦想？我来告诉你梦想的第一个特征：**真正的梦想是有路径的，我需要通过什么样的方式去达到一种什么样的生活状态，这才有可能是梦想。**而没有了路径，直接说我想过什么样的生活，那就只能是幻想了，因为它是没有根基的。并不是说背包客就不能成为一个人的梦想，只要他有路径就是可以的。比如：

“我想做一个职业背包客，带上相机和笔记本，拍下很多美景，分享我的旅游感悟和心得，让很多希望去旅游却不能成行的人跟着我的镜头和文字周游世界。这样我就不用为了工作和收入发愁了。”

这就是一个职业背包客的生活模式，这就是个不错的梦想。他有自己的价值，有自己的路径，也有自己的生活变现模式，而不只是一个悬在半空的片段。

还有一种，他们所谓的梦想并不是自己想要活成什么样，而是别人说你要活成什么样。别人说，你活成什么样了别人才能脸上有光。这种事情是有些父母最喜欢做的，我们很多人都听说过那个段子：“有些笨鸟知道自己笨，它会早一些起飞。还有些笨鸟，它知道自己笨，索性就不飞了。搭个窝、孵个蛋，然后拼命逼着下一代按照自己规划的路线飞。”凡是这么做的家长，他们的生活肯定是不如意的，他们还会把自己的不如意强加到下一代身上。因为他们灌输给孩子的梦想根本就不是孩子真正想要的，而是父母的遗憾。这不是真正的梦想和目标，自然就不会发挥其应有的三个作用。

还有一种所谓的梦想是什么样的呢？这种梦想确实是梦想，没错，它有着清晰的路径，也有明确的结果，但不一定是他们自己的。为什么会出现这样的情况？因为有一种人具有一种非常厉害的能力。如果说得高端一点，他们会把自己的这种做法叫“用梦想点燃梦想”。在他们的解释当中，是用自己的梦想去激发别人的梦想，如果真能做到，那真的是一件特别有意义的事情。

可是很多人真正做的事情是，让别人把他的梦想当成自己的梦想。这样的人特别善于描绘梦想的愿景，他把梦想的愿景讲得非常诱人，也非常宏大，可以容纳下很多人。他们会让你参与进来，给你以参与感，让你觉得这么诱人的梦想就是你的。高明的创业者和团队都是这方面的高手，他们会用自己的梦想甚至是整个团队的梦想，让跟随者觉得这就是他们自己的梦想，并尽全力为了这个梦想的实现而奋斗，甚至不惜放弃自己更好的发展机会。这一招在凝聚人心、激发潜能方面确实相当有用。但是结果是什么呢？就像那句流行的俏皮话说的那样："努力吧兄弟们，等到了年底，我就能再换辆车了。"

为什么这样的梦想能让别人以为是自己的？因为这个梦想实现的过程中有对方的参与，这种参与感会让人觉得自己正在实现的就是自己的梦想。为什么有人会把别人的梦想当成自己的呢？那是因为他们没有自己的梦想，但是梦想又是实现人生价值的精神需求，所以很容易就会把别人的梦想当成是自己的。这样的梦想，自然也就无法让人感受到它的三种作用，而且越努力越迷茫。

我们回过头来画一下重点，这一节我分享了什么是梦想有限论。梦想有限论认为梦想并不能帮我们解决所有的问题，但是真正的梦想必将能起到三个作用，指南针的指引作用、发动机的动力作用和安慰剂的精神恢复作用。但是只有真正属于自己的梦想才能发挥它的这三种作用。

我还跟你说了三种似是而非的伪梦想。这三种梦想对于我们更加有价值的人生来说无异于三个困局，这一节我们只是把困局摆出来，等于是立起了三个靶子。后面我会为大家分享这些困局的破解之道。

02 第二节 开始私人化定制之前，先了解下规划公式

现在我们知道了，要想活成自己喜欢的样子，过自己想要过的人生，首先我们必须有梦想，而且还得是真正属于自己的梦想。只有这样的梦想才能发挥它的三种作用，成为自己的助力。于是，拥有一个完全属于自己的梦想就成了这一章我们所要解决的核心问题。怎么才能拥有这样一个真正属于自己的梦想？事情还是要一步一步来。在告诉你怎么才能拥有个人定制版的梦想之前，我们先来了解一下怎么才能用梦想公式为自己制定一个 1.0 版本的梦想。后面我们再对这个版本进行迭代和升级。这个公式就是我将要分享给你的“车日路模型”。

车日路模型是一个在职场规划领域普遍使用的规划工具，也是整个职场规划领域当中的核心所在，其他所有的方法和工具都是为了把

这个规划做得更细致进而变成现实。而职场规划和人生梦想的设计在本质上是一致的，所以在考虑如何才能把设计人生梦想这件事变成可靠的方法论，并交付到当事人手中的时候，我决定把职场规划中的车日路模型升级为人生梦想的设计模型。这样我们就不需要花费大量的成本来请所谓的专业人士代替自己做梦想设计了。

事实上，在梦想设计方面没有谁会比我们自己更专业。因为只有自己才是最了解自己的人，而别人只能从某些片段对我们做出判断，这显然是不客观、不全面的。

什么是车日路模型？用最简单的一句话来总结就是：怎么让自己这辆车到达自己想要去的地方。这里面的三个意象就是我们需要关注的三个核心点，分别是车、日和路。下面我们来做具体的阐述。

在讲起车日路模型的时候，一般都需要提起一个特定的场景：

比如一天早上，你走出房门，远处是缓缓升起的太阳，院里停着你的爱车，你准备来一次短途的自驾游。想拥有一个完美体验的自驾游，你都需要考虑哪些问题呢？

我们都能想到的问题其实是两个，分别是：我想要去哪里？我要怎么去？这两个问题肯定是要解决的。其实还有一个问题大家一般想不到，那就是我的这辆车是一辆什么样的车？这个问题也跟其他两个问题一样重要。不知道自己要去哪儿，那就完全没有了目标，这肯定是不行的。不知道怎么去，不知道具体要走什么样的路线，肯定也不行。不弄清楚自己开的是一辆什么样的车，那更不行，如果不弄明白这个问题，怎么走的问题就会失去意义，要去哪里就没有了价值。

这就是车日路模型的基本内涵。看起来也比较简单吧？就是要开车出去玩，要考虑明白开的是什么车，走什么样的路线，到达什么样的目的地。经常自驾游的人就觉得更简单了，我们不仅每次都会考虑到这些问题，而且还能很好地解决这三个问题。那我们就来看看车日路模型的三个核心点在我们的职场规划和人生梦想设计当中分别意味着什么。

首先是车，在车日路模型的场景当中，这个车指的就是你出门将要开的这辆车，是越野车、普通轿车，还是跑车、电动摩托车甚至是单车？这辆车的性能怎么样，最近有没有进行过保养？油箱里还有没有足够的油？这些都是我们考虑的问题。那么放到我们的人生梦想设计里呢？这辆车指的就是我们本人，我们需要考虑的是，“我”是一辆什么样的车？我是一个什么样的人？我拥有什么样的专业和社会背景？我可以用来变现的核心技能是什么？我拥有什么样的价值观？这些才是我们要考虑的问题。

总之在梦想设计的语境下考虑“车”的问题，就是要从自身到社会资源全方位地对自己进行判断，优缺点都要考虑到。就像考虑我们开的车一样，如果是一辆跑车，它在高速上能跑出风驰电掣的感觉，但是你把它开到郊野的小路上去就没有了优势，很有可能是要抛锚的，那是越野车应该去的地方。

所以，我们对自己进行盘点的时候，好的要算进去，不足的地方也要考虑到。不然你接下来选择的路径很有可能会变成困境，就像把一辆跑车开到坑洼不平的乡间小路上一样。

那么路呢？在车日路模型当中，路的含义是你到达目的地的路线。而在梦想设计的语境当中，这个“路”指的则是你通往梦想和目标的路径。

什么样的路径才是我们想要的呢？两个基本条件：首先是要可执行的，它得符合你的实际情况，最好是你能做到的最优路线。我看过很多人设计的梦想实施路径，感觉他们更像是在做一份报表，而且还是那种华而不实的报表。在设计的时候，他们考虑的是怎么才能更好看一些，完全忘记了路径是用来执行的，而不是贴在墙上或者是放在文件夹里给别人看的。

当然，还有一些人，他们显然是能够明白这一点的，他们设计出来的路径执行起来非常容易。可是，他们的问题恰恰就在这里，他们的路径规划得也太没有挑战性了。这当中的每一步他们都可以轻松做到，甚至都不用拼尽全力。只不过这种路径的时间跨度往往长得可怕，就算是有一天真正实现了梦想，这样的人生怕是也过不上太久。这样的路径虽然可行，但是不够高效，也不是最优。

一个出色的路径规划，它一定充分考虑到了人的成长性。

这个路径不仅是通往理想生活的过程，同时也是自我提升和成长的过程。有一个逻辑关系一定要搞清楚，我们设计梦想，我们想过好日子。但是好日子不是谁赐给我们的，不是说我们只管好好努力，然后时间到了，老板就会发给我们这样的好日子。并不是这样的。好日子是当我们变得足够优秀之后，我们自己挣来的。只有非常优秀的自己才配拥有这样的好日子，不然不管是谁发给我们的，这样的好日子都过不踏实。考虑到你的成长性，用路径来引领自己的成长，这是出色的路径规划应该具有的特质。

最后我们来说说车日路模型当中的“日”，这个远处的太阳代表的是远处的风景，我们想要去的地方。在我们的梦想设计当中，它代表的就是真正想要拥有的人生状态，我们想要过上一种什么样的生活，也就是我们梦想设计的目标所在。

人生终极目标的设定又有什么讲究呢？首先是我们之前说过的《财富高效能》课程中对于财富的阐述：富足的物质条件，良好的社交关系，以及能够带来高成就感的有意义、有价值的事业，这三点缺一不可。比如，我想开一辆什么牌子的车，我想住在什么样的房子里，我想拥有一家什么样的公司。这些都可以有，但是不能只有这样。我们需要把未来想要过的人生元素进行归纳，然后用这三个标准进行比对。不管少了哪一个，将来都会觉得这样的生活有所缺失。

关于梦想生活的描绘，除了这三个要素之外，还有一个特别需要注意的地方，那就是胆子一定要大一些，一定要敢想。

我问过很多人，你想要的生活是什么样的？他们的回答都显得特别保守：

“有一套能让家人住下的房子，买一辆能够开得出去的车，有一份收入稳定的工作。”

大概也就这些了，一开始我对他们的这种保守非常不理解，我就问他们：

“既然是梦想，为什么不索性想得更加美好一些呢？胆子大一些怕什么？”

后来我终于知道他们在怕什么了，他们怕辛苦，怕努力，怕自我挑战，怕不确定性。他们在描绘未来想要的生活的时候，考虑的不是自己想要什么，而是自己能挣来什么，而且还是眼下的自己能挣来什么。所以他们描绘出来的未来是自己待在舒适区里就能获得的未来，这样的未来还用规划吗？这还要梦想干什么？干脆不要梦想，也不用规划，这样你稍微努力一点就能超出自己的预期，还能时不时收获意外的惊喜呢！你既然要描绘自己的未来，胆子就要大一些。当然这也不是凭空幻想，而是建立在自我成长的基础上，你所要的未来是越来越优秀的你给你挣来的，而不仅仅是眼前的你。

这一节我分享了车日路模型，它是我们进行人生梦想设计的基本模型。这个模型通过对自我、目标和路径的思考能够帮助我们设计出一个基本靠谱的人生蓝图 1.0 版本，当然我们还需要对这个基础版本进行迭代和升级。下一节我们就会用两组问题帮助我们做好人生蓝图的升级版本，这需要你们熟练掌握这个基本模型。

03

第三节

追问人生，设计私人化的人生蓝图

这一节的内容主要是以提问开始，我想通过两组问题引导你对自己进行一个全面的盘点，就像我们对资产的盘点一样。我们需要把自己当成一家公司，弄清楚我们的存量、增量以及负债。为了更好地对人生蓝图 1.0 版本进行升级和迭代，这个 1.0 版本就相当于人生蓝图的基本盘。基本盘可以帮助我们看明白人生蓝图的基本框架和基本的运行逻辑，而这些问题可以帮助我们把这当中的三个核心要素考虑得更加具体明确，从而让整个人生蓝图完全基于私人定制的要求，更便于你去把握，更有利于你人生蓝图的实现。

我会把这些问题分成两组进行提问，分别是人生 7 问和人生 11 问。在进行具体问题的提问之前，我先要明确我们对这些问题应有的心态。这些问题我只负责提问，你负责回答，你不用把这些问题的答案都告诉我。但是要对自己足够诚实，要敢于面对自己内心的欲望，更要敢于表达自己的内心所想。你回答这些问题不是要对我负责，我没办法给这些问题的答案做出对错优劣的评判。但是它们都会对人生蓝图的精准与否起到决定性的作用。你可以不用对我负责，但是一定要对自己负责，因为给人生蓝图最终埋单的那个人，就是你自己。

要做到对客观的诚实，的确不是一件容易的事情，这是由人性所决定的。我们的潜意识会拒绝承认那些我们认为不太好的东西，也不愿意承认自己对某些东西有欲望。真的，我发现很多人更愿意表现自己的无欲无求，就是现在流行的那个词——“佛系”。有相当多的一部分人以“佛系”掩盖自己的无能。对于自己没能做到的事情或者是感觉有可能做不到的时候，他会假装对此根本不感兴趣。经常挂在嘴边的话就是“不是我做不到，而是我根本就没想去做”或者“我也就是不屑于去做，要是愿意我能做得更好”。这种假装佛系实则是很丧的做法，其实就是没有勇气面对内心、欲望和不足。想要为自己的人生负责，制订好更加适合自己的人生蓝图，首先要做的就是摒弃这种心态。这样有助于我们得到更好的结果。

现在我们开始第一组问题——人生 7 问的提问：

1. 你现在的状态是否令自己满意？

2. 满意的地方和原因是什么？

3. 不满意的地方和原因是什么？

4. 你要如何改变当前的状态？

5. 你开始积累社会资本和人脉资源了吗？

6. 你在做着一种平衡的工作吗？

7. 你敢于对自己说真话、诚恳地直面真实的自己吗？

这个由 7 个问题组成的人生 7 问，目标是引导人们对自己的现状重新进行评估。在人生蓝图的车日路模型当中对应的是车的问题，也就是关于自我认知的那部分。深度剖析自我现状，才能更好地做路径的规划。做到这一点的前提是，我们要敢于面对自己和现实。承认不足，才有改变的可能。承认自己对于现状的不满，才有追求更美好未来的动力。给出“行、不错、还可以”这样答案的人，我的建议是现在可以合上这本书了。因为这样的人设计出的人生蓝图不会有任何实际意义。我不太相信翻开这本书的人，会对自己的现状那么的满意。能够被这本书所吸引的人，一定是希望自己的人生能够变得更好的人。那就意味着，现状必然会有让自己不满意的地方，这就是我们改变自我的原因，也是我们变得更好的方向。我们必须充分认识到这一点，现在让我们按照问题的要求，进行更深层次的思考，找出造成这个困境的原因所在。

我们再来看第二组问题——人生 11 问，这是 5 年后你要成为的自己：

1. 你想做哪种类型的工作，自由的还是因循过去模式的？

2. 你期待的年收入是多少？

3. 你想住在什么样的房子里，和谁是邻居？

4. 你想开什么样的车，怎样对待自己的交通时间？

5. 你想穿什么品牌的衣服？

6. 你希望别人如何看待你，如何称呼你？

7. 你想如何帮助别人？

8. 你想成为一个知识渊博的人吗？（注意这不是指你的学历）

9. 你希望行走到哪些地方？

10. 你怎样才能获得快乐和满足？

11. 你会成为一个平衡工作、学习和生活的人吗？

人生 7 问中的 7 个问题指向的是我们的现状，就是要通过问题盘点自己的优势和劣势，我们需要的是面对自我不足的勇气。而人生 11 问当中的 11 个问题的指向则更加偏向于目标和路径。需要我们真诚地面对自己内心的欲望，这同样需要勇气。除了勇气之外，要想回答好这一系列的问题，还需要具有我们前面提到的自我成长意识。要用发展的眼光看自己，用成长后自己的标准来回答。中国社会文化崇尚的是含蓄和内敛，最不喜欢说大话，给自己定个目标也会非常保守。在回答这些问题的时候，这样的心态千万要不得。还记得我在前面提到的白杨师姐的故事吗？那时候为了帮助她对人生蓝图进行更合理的优化，我同样运用了人生 7 问和人生 11 问来作为引导。当回答人生 11 问中的“你期待的年收入是多少？”这个问题的时候，她给我的答案是 5 万。我们知道她现在是一位非常厉害的青创客，去年一年的营收是 500 多万。从 5 万到 500 多万，这中间用了多长时间？一年时间。明明拥有挣 500 万的实力，为什么会给出 5 万的期望年收入呢？这是因为谦虚吗？恐怕也不是，她是真的没想到自己的成长性，没想过 3 年或者 5 年之后自己会变得如此优秀。当时她跟我说期望的年收入是 5 万，因为我是过来人，我知道她为什么会这么说。我就跟她说，5 万的年收入做不了我的青创客，任何人稍微一努力，一不小心就能超过这个数。要做我的青创客，必须立志创业收入 100 万。最后在我的大力鼓励之下，她才忐忑不安地把这个答案改成了 100 万。

后来她跟我说：“萌姐，当时你让我把期望年收入改成 100 万的时候，我还在想你是不是疯了。我那时候一个月才挣几千块，你让我写期望年收入 100 万，我觉得肯定做不到。”那么，我是不是真的疯了呢？其实我是在用结果倒逼行动。我们的动力从哪里来？很大程度上取决于我们自己想要的结果。期望 10 万有 10 万的活法，期望 100 万就有 100 万的活法。而 100 万的活法自然也就会有这个活法的结果。我们可以想象一下，一个一心想要挣百万的人和一个只想挣 5 万的人，他们的努力程度和得到的结果会有多么大的区别。我要告诉你的是，实际上的差距可能比我们能想到的还要大。

所以，我要再一次强调，回答这些问题的时候，一定要真诚地面对自己的欲望。要敢于想象，敢于表达。目标不怕大，只要我们的路径合理，目标大一些会倒逼我们的行动，给我们带来更加强劲的动力。如果没有人要求你改正，这个期望值很可能就会成为你人生的天花板。

这一节我要分享给你的就是人生 7 问和人生 11 问，目标是让我们通过这两组问题对 1.0 版的人生蓝图进行迭代升级，让它更加符合我们的现状，也更加便于执行。这两组问题和我们之前说过的车日路模型当中的自我、路径和目标是对应的关系。人生 7 问更多的是对应自我的问题，帮助我们更加深入地分析和盘点自身的现状。而人生 11 问则更多地对应目标和路径，帮助我们把目标制定得更加清晰，路径更加精准。如果你能把问题回答到了这种程度，必然会对你人生蓝图的迭代和升级有着非常大的帮助。关于人生 11 问，补充一句：这里面的问题并不是一成不变的，你可以根据自己的情况进行替换。比如你本不是个爱车的人，你很有可能对开什么车无感，那这个问题对你就是不合适的。但是你总有自己喜欢的东西、想拥有的事物，那就用你喜欢的东西来替换整个问题。总之，我们要知道这些问题是用来做什么的，如果它对你起不到应有的作用，那就用更合适的问题替换，我们的目标明确才是最重要的。

04 三个问题完成人生蓝图的复盘和迭代

第四节

人生蓝图的基本盘我们讲过了，应用这个基本盘我们可以制定出 1.0 版本的人生蓝图。然后我们又分享了两组问题，分别是人生 7 问和人生 11 问，只要我们足够用心就能够通过这两组问题对人生蓝图进行升级和迭代，让 1.0 版本的人生蓝图变成私人定制版的高端版本。有了这些倚仗，我们的人生蓝图就不成问题了吧？千万不要这么想，即使如此，事情也很难像我们预想的那样。我这么说是因为我见到了很多相当离谱的人生蓝图，当你看到他的蓝图的时候你绝对想象不到，上面写的东西跟他的实际情况差得太远了。我有留作业的习惯，我会要求学生们做好自己的人生蓝图，再叮嘱他们对这两组问题进行升级和迭代。有的还做出了 3.0、4.0 版本的人生蓝图，甚至还有迭代更多次的。从他们进行迭代的次数来看，我不能说他们不认真，更不能说他们对自己不负责。但结果确实就是这样，我看到依然会有相当一部分人的人生蓝图其实是作废了的。因为与自身的情况相去甚远，这样的蓝图注定是没有多大功效的。

出现这种情况多半是对自我现状的认识还不够，从而导致路径的规划出现了偏差。路径一旦出现问题，整个人生蓝图的可执行性就会大打折扣。可是我们每个人的人生蓝图都是自己经过一番认真思考后做出来的。不管实际上效用如何，最起码这是我能力范围之内能做到的最好的，至少自己还比较满意。他们敢于把这样的人生蓝图拿出来，就充分说明了这一点。出现这种情况的原因正是我们最应该关注的问题，也是接下来我要分享给你的整个工具的用途所在。这个工具就是要帮助大家，对自己感觉还比较满意的人生蓝图进行自检，从中发现问题，再进行修正。只有这样，咱们前面说的这些话才有价值。如果我只告诉你，你那些自我感觉良好的人生蓝图，很有可能是存在很大问题的，你以为可以借此改变人生，其实它很可能一文不值。然后我就是不告诉你要对自己都满意的蓝图进行自检，这就是在忽悠人。同时我也希望大家记住，不管一个人讲得多有道理，只要没能交付给你可执行的方法，这事儿就不能算是完成了。

我要分享给你的这个用来对人生蓝图进行自检的方法其实很简单，就是三个问题，分别是：

我为谁？

解决了什么问题？

提供了什么方法？

这三个问题是用在哪里的？就是用在你实现人生蓝图的路径上，通过路径来观照自我认知和目标设定。因为自我认知和目标设定这两个部分是很难用固定标准来衡量的，别人也没办法判断你对自己现状的分析是否足够客观，也没办法判定你的目标设置是否合理，你自己也很难发现是否有所偏差。但是路径可以，只要是运用这三个问题进行检查，第三方都可以帮你找出这当中的问题。我在帮他们进行复盘的时候，就是用这三个问题来发现不足的。

这当中的内在逻辑是什么？这个逻辑就是不管我们想要过的人生是什么样的，都必须通过向社会变现来获得。所以，不管你的这个路径如何设计，都必须先满足他人的需求，这是一个铁的规矩。既然如此，这条路径能不能走得通，那就不能靠自我的感觉，更不能是自己说了算，而是需要从自我思维的圈子里面，站在被满足需求一方的立场上去发问。问“你为谁？解决了什么问题？提供了什么方法？”也就是说这条路能不能走得通，得看你做的这件事儿和你所提供的兑付性产品能不能真正满足对方的需求，对方是否愿意为此支付成本，让你的努力完成变现。这是一个客观的社会经济行为，而不是个人的一厢情愿。这就是三个问题完成人生蓝图自检的内在逻辑。我们来看个例子：

我记得在一次人生蓝图复盘的过程中，有一位特别具有古典范儿的漂亮姑娘，在微博上回答了这三个问题，她的微博名字也很有诗意，叫“住在风里”。她对这三个问题的回答是这样的：

我为我所在的那个城市里喜欢品茶、摄影的人。

我为他们解决找不到自己喜欢的休闲方式的问题。

我为他们提供了一个一边喝茶一边欣赏摄影作品，还能认识很多同好朋友的场所。

这个路径怎么样？能不能走得通？这话得这么说，这条路径肯定是能够走得通的。但是我们现在要问的是，在这个姑娘的人生蓝图当中，这条路她能不能走得通？为了获得最终的答案，下面是一系列直逼真相的连环考问：

问：“你现在所在的城市是几线城市？”

答：“我现在是在老家的县城，最多能算是四线城市吧。”

问：“当地有饮茶的习惯吗？这个群体有多大？同时喜欢摄影的有多少？”

答：“喝茶的人在我们那儿也不是很多。喜欢摄影的我也没有具体了解过，不是很清楚。”

问：“你准备在哪里开这样的一间集茶饮和摄影于一体的饮茶场所？多大的面积？场地费用大概是多少？先算一年的租金，一般这样的铺面是没有按季度付款的。”

答："我打算开在比较僻静的地方，因为我没有多少启动资金，空间需要大一些，得有几百平方米吧。租金我没了解过，不太清楚一年需要多少租金。"

问："租金没有了解过，那么装修费用和设施的费用呢，也不是很清楚吧？"

答："嗯，还没有仔细核算过。"

问："茶艺和摄影，你是自己就具备这方面的能力呢，还是准备请专业的人士来做？"

答："我自学过茶艺，同时我也比较喜欢摄影。我觉得我可以自己来做这些事。"

问："OK，我们假定你通过自己的努力能够提供让大家满意的产品。这勉强可以算是一个产品人。那么经营呢？开店肯定是要经营的，你有经营一家类似场所的经验吗？还是需要请人打理？准备花多少钱请人，包括店里的其他人员，因为几百平方米的茶室，一两个人肯定是不行的。"

答："我没有经营方面的经验，可能需要请人来做，需要多少钱还没想过。"

问："你选一个僻静的地方来开店，那么怎么获客呢？怎么让顾客找到你？新开的店，在没有做到盈利的情况下，凭自己原有的资金你能够坚持多久？"

答："我选僻静的地方开店主要是为了省租金，客源的话我想开的时间久了就会有人知道的吧？我没算过一个月需要多少费用，不知道我能坚持多久。”

好了，围绕着这三个问题我们进行了一系列的问答。根据她的回答，你们觉得她的这条路径能够顺利完成变现的可能性有多大呢？如果光看这三个问题的答案，我们或许觉得这个路径看起来还不错。毕竟在有些城市一些茶室的收入还是相当可观的，再加上摄影的元素也没什么不可以。但是一系列衍生问题问下来，最接近真相的答案也就出来了。这就是这三个问题的使用方法。一定要围绕这三个最核心的问题，把一些衍生问题问透了，问得越全面、越具体，你的路径执行起来就越顺畅。再往后进行升级和完善时，方向也会越明确。哪怕是最终这事儿不成，你放弃的时候也不会有遗憾。所以，不管从哪个方面说，用这三个核心问题对人生蓝图进行自检都是非常必要的。为了方便大家更好地运用这三个问题，我总结了几个必不可少的衍生问题。下面这几个问题不管你的路径如何设计都必须彻底弄清楚，不要想当然，要用事实和数据说话。

1.“我为谁”所指向的这些人，是真实存在的吗？

2.“我为谁”所指向的这些人，他们的群体有多大？

3.“我为谁”所指向的这些人，辐射到的群体有多大？他们的消费力能否支撑你的梦想？

4.“你为他们解决的问题”，这个问题是刚需还是不解决也行？

5. “你要为他们解决的问题”，除你之外还有别人可以替他们解决吗?

6. 在你之前帮他们解决这些问题的人，过得怎么样?

7. 你为他们提供的解决问题的方案，是属于私人定制的还是可以用模板复制的?

8. 你是方案的直接提供者还是从别人那里获取?

9. 你从别人那里获取这个方案的成本是多少?

这些问题都是围绕三个核心问题展开的必不可少的衍生问题，你必须彻底弄明白。当然还会有其他更多的问题也会对我们有很大的帮助。你可以在这些问题下继续接龙，一直到把这三个问题彻底问透为止。

05 第五节 意愿，为什么免费的人生蓝图总是动力不足

我们这一章想要教给大家制订人生蓝图的方法，以完成自己人生的顶层设计。到目前为止，关于人生蓝图的基本逻辑和基本盘我们分享过了。关于如何应用两组问题对人生蓝图进行更加个人化的升级我们说过了。关于怎么通过三个核心问题对路径进行考问，从而达到对人生蓝图进行自检的效果与方法，也已经教给你了。那么接下来，我们要解决什么问题呢？关于人生蓝图的实施，我们会系统地分享各种技能，全方位为大家赋能。这一节我们要解决的是所有问题的根源——我们的动力问题。我一直以为所有能通过学习解决的问题都不是问题，哪怕很难，只要这件事是我们真正想做的，就总能找到解决问题的方法。就像我们经常说的，只要思想不滑坡，方法总比困难多。

反过来说，如果自己没有足够的动力，哪怕只是一个毫不起眼的小问题也会成为拦住我们的大山。

在深入阐述这个问题之前，我先回答一个问题，很多小伙伴都曾经问过：

“萌姐，我们的课程可以帮助很多人，也可以改变很多人。而且我们 2020 年的计划是通过 500 名青创客改变超过 5 万人的人生。既然我们有这么大的布局，我们陪着这么多的人一起创业，那我们的课程费用是不是可以通过免费的形式来推广呢？这样就可以在短期内聚集更多的人在我们身边，剩下的时间我们就可以一门心思做事情了，这样是不是会更高效一些呢？因为相对我们创业要做的事情，课程的费用所占的比例是非常低的。”

对于有这样想法的小伙伴，我要非常严肃地说，你们错了。首先，我是不可能这么做的；其次，我也不允许你们这么做。记住，不是不建议你们这么做，而是不允许你们这么做。我也知道小伙伴们提出这个建议不是为了跟我说听课的费用问题，而是在考虑接下来他们怎么去快速影响 100 个人。因为 2020 年我想让青创客每个人都要去改变 100 个人，那我就得为他们赋能。这当中非常重要的一件事是，我把当初改变了他们人生的课程进行了全面优化，教给他们。然后让他们内化成自己的知识体系，用这套从实践中得来的方法论去影响和改变别人。这也符合我们一再强调的“学会的最高标准是会教”的理念，同时教的这个过程还能反过来强化他们对这些知识的掌握和运用。这是一个教学相长的互利过程。当他们提出这个建议的时候，我知道他们已经考虑怎么尽快地把这100个小伙伴聚拢到自己身边，然后去影响、改变他们了。他们考虑的其实是布局和策略问题，他们是想通过免费的策略尽快缩短找人的过程，腾出更多的时间来做事。所以，我不得不再次强调，我不会这么做，也坚决不允许你们这么做。

我知道他们讨论这个问题的根本不是钱的事。同样的话，我也要跟你说，我这么做同样也不是钱的事。这个不能免费的背后逻辑，我打算用别人的例子来谈一下。最近有句话我觉得特别有道理，说大部分的员工在遇到问题的时候考虑的是怎么寻找借口，找不到就跳槽。所有的老板在遇到问题之后考虑的都是解决问题的方法，因为找不到就得跳楼。为什么他们解决问题的动力区别那么大？那是因为他们需要为此承担的结果不一样。

我们再做一个假设，现在流行创业，也流行合伙。假如有这样的两个合伙人，一个是把多年的积蓄和房产抵押得来的钱都投在了创业上。而他的这个合伙人，是他盛情邀约来的。因为公司特别需要对方的技术，所以人家是以技术入股的形式分得了将近一半的股份。现在公司遇到了生死劫难，随时都有倒闭的可能。这样的情况下，你觉得哪个人会更加坚定呢？肯定是投入成本比较高的那个人更加坚定一些呀，因为一旦失败，他们两个面临的就是跳楼和跳槽的区别。

我们再来举一个我粉丝都非常熟悉的例子：励志币计划。什么是励志币计划？这是我们开发用来激励更多小伙伴坚持奋斗的一项习惯养成计划。形式有很多，比如“早起群”里的坚持早起计划、“写作群”里坚持写作的计划、“演讲群”里坚持演讲的计划。我们社群和小伙伴们自己的社群里面几乎都有励志币计划在开展。为什么这些激励坚持奋斗的计划都可以叫“励志币计划”呢？因为它们都跟钱有关。如果我们准备开启一个励志币计划，我们会要求所有有这个意愿的人都拿出同样多的钱，放在励志币的大池子里面。这些为了鼓励自己坚持到底的钱，就是我们所说的励志币。励志币怎么发挥激励作用？我们会提前约定一个周期，比如 21 天、半年或者是一年。到了这个周期后，我们对还在继续坚持的人返还励志币。难道就不能让人免费加入吗？不能。没有这个门票成本，他在关键时刻肯定会成为第一个撤退的人，而这种撤离可能会给整个社群带来全面溃败。举个例子，2016 年，我们刚做的第一个励志币计划叫作早起计划，当时我们组织了两个 500 人社群，他们都是一群信心满满非常想早起的人，两个社群的模式一样，唯一区别是第一个社群免费，第二个社群每个人都交了 39.8 元，我们的规则是 21 天坚持打卡率 80% 以上的人 39.8 元全部退还。结果你猜怎么着？21 天过去了，第一个社群的打卡率是 42.8%，第二个社群打卡率是 98%。为什么会这样？后来我们追踪了第二个社群打卡的人，我们访问了 50 个之前不是早起者但是坚持打卡的人。其中一个人跟我说："萌姐，每天早上我起来的时候就想，我坚决要让 39.8 元退回来。"其实我们会发现大家是因为钱，或者想战胜过去的自己的动机选择了坚持，这就是励志币计划的关键所在。

现在能明白我在说什么了吗？没错，我自己不会免费，这根本不是钱的事儿，而是钱背后的意愿问题。意愿决定了我们的动力，动力决定着一件事的成败。动力不足，哪怕是一件小事都不一定能够做好，更何况是要改变自己的人生呢？改变自己的人生到底有多难？看看有多少人一边抱怨一边继续混日子，看看有多少人天天喊着再也不能这样下去了，但还是重复着之前的生活，你就知道了。看明白了这一点，还会有人想要通过免费的方式来聚拢一起做事的人吗？这样的人恐怕是没有的。

我们经常听到"天下没有免费的午餐"这句话，不知道大家听到后是什么感觉，反正我的感觉是幸亏没有免费的午餐，不然我的人生可能会变得很糟糕。因为没有免费的午餐，所以我们得自己奔跑，这样一来不仅午餐有了，早餐和晚餐也都有了。如果是为自己负责，那就需要找到志同道合者一起做事，我们不能发放免费的午餐。如果是为了对别人负责，那就更不能以免费的形式引导别人去做他自己并没有多少意愿的事情。为了对自己负责，我们要用成本来核验自己的意愿，如果一谈到成本马上想到了要放弃，那只能说明其实你并不想做这件事，早一点放弃更好。反过来也是一样，如果有人跟你说如果不需要任何成本的话我就跟你干，那就请他赶紧离开，因为他已经随时准备要逃跑了。所以，免费的就不要再想了，不管是对自己还是对别人。

成本是意愿的试金石，能够帮助我们找到自己真正想要做的事情以及适合一起做事的人。可是，总有一些事情是我们非做不可的，哪怕我们本身的意愿并不是那么强烈。怎样才能帮助我们进一步激发他人意愿呢？下面是几个常用的方法，我在此分享给大家：

1. 让目标更加诱人

为什么意愿不足呢？根本原因就是这件事对你的吸引力不够，做成这件事之后也没有真正能让你动心的效果。那么怎么办呢？在目标细化的过程当中，加入自己真正喜欢的元素。经常会出现这样的情况，一个人原本是不想去做某件事的，但是有人从另外一个角度重新阐述了这件事的价值后，他马上就能进入自发的状态。那么做这件事的人，肯定是了解对方心底真正的需求的，这也遵从了马斯洛需求理论。按照这几大需求增加一些让自己心动的元素，总有一点是能够打动你的。

2. 避免一个人单打独斗

抱团取暖效应在意愿这件事上也同样成立。一个人单打独斗，内动力消耗得要快很多。那不妨找一帮志同道合的人一起来做这件事，大家相互鼓励，互相感染，有利于保持旺盛的斗志。这里我要特别推荐一下励志币计划。一群价值观相同的人，在成本效应的加持下建立一个社群，效果非常不错。

3. 发挥监督效应

为什么现在有那么多人在自己的朋友圈打卡？不管是健身、减肥，还是坚持每天学习，很多人都习惯在朋友圈打卡。这样做的好处其实也是在增强自己的意愿，首先在朋友圈打卡会为自己带来一定的成就感和自我认同感。尤其每次打卡下面都会出现一排点赞时，那种感觉就会更强烈。同时，这也会起到监督的作用。每当自己想要放弃的时候就会担心自己之前努力的人设有崩塌的危险。这也是个很不错的方法。

06 第六节 理性思考，对自己诚实也是需要能力的

先问大家一个问题，大家觉得人类是理性的还是非理性的？我们在做决策的时候究竟是理性因素多一些还是非理性因素多一些？肯定会有人觉得作为万物之灵，人类当然是理性的。我们做决策肯定也是理性因素占多数，不然怎么叫深思熟虑、三思而后行。我们进行理性思考的过程，不就证明我们的决策是理性占决定性优势吗？

这样的答案，大家会不会觉得很有道理？肯定会。这也符合我们对于思考和决策行为的一贯认知。但是肯定还会有一些人给出不同的答案，其实我们的理性当中也充满了各种非理性。虽然理智一直都是我们追求的目标，但是要想完全杜绝非理性的影响也是不可能的事，而且我们的生活中也充满了各种深思熟虑后做

出不理智决策的事情。就拿饥饿营销来说吧，如果是大批量地供货，让每个人都能买到，不见得有多少人会买。但是一旦实行的是限量供应，先到先得，就连原来没打算要买、实际上也并不是特别需要的人都会有购买的冲动。而那些原本就想买的人甚至不惜整夜排队，甚至自愿加价购买。如果实在买不到的话，他也不介意用更高的价钱从黄牛那里买。面对现在到处可见的饥饿营销和限量供应，你还觉得我们人类是理智的吗？

那么，我们到底是理智的时候多，还是非理智的时候多呢？理智和非理智在我们的生活中又各占多大的比例呢？这个问题早就有人替我们向大师请教过了，这个叫朱莉安娜的女士是这样问的：

亲爱的丹：

你好！

我相信我们的某些决策是非理性的，但非理性决策所占的比例有多大呢？

朱莉安娜

朱莉安娜提问的对象是《怪诞行为学》系列畅销书的作者，美国杜克大学心理学和行为经济学教授丹·艾瑞里（Dan Ariely）。他是怎么回答的呢？下面就是他对这个问题给出的答案：

“我认为你想问的并不是关于非理性决策的比例是多少，而是关于非理性决策对我们的生活和健康有何影响。回想一下边开车边发短信这件事，我们花在这件事情上的时间可能只占我们全部时间的3%，但每一次做这件事时都有可能引发交通事故，导致自己和他人死亡。因此，我们真正需要问自己的问题并不是关于非理性行为所占的比例，而应当是关于这些非理性行为对我们、我们周围的人以及整个社会的危害程度。”

我觉得他对这个问题的回答很棒，他的观点我很赞同。相对于非理性行为所占的比例，我们更应该关心的是它们对我们的工作和生活所造成的困扰和危害是什么。这也是我提出这个问题的初衷。非理性行为会给我们的生活带来什么样的影响？那自然是全方位的，一时之间也难以尽述。而我们提出这个问题的指向范围却是非常小的，我们只是为了提醒大家非理性行为和非理性决策在我们的人生蓝图的设计中会有什么样的影响。这个影响其实也不用多说，几乎所有人生蓝图中有关路径的问题，都跟非理性行为有关。虽然我们在讲人生蓝图设计时一再强调一定要对自我现状做出客观理性的评估，但是只强调重要性是远远不够的。现在我们再提这个问题就是为了分享几个靠谱的方法。

1. 观察记录法

对于自己的能力和现状做出判断，潜意识当中我们都会有意无意地进行一定程度的美化。特别是在自身的能力认知方面，几乎所有的人都会觉得自己最起码是中等偏上的水平。就像之前有人在一些大学对女生进行的调查一样，调查者在几所大学里面随机找了近万名女生，问她们：“你觉得长得不好看的女生会更愿意去整容吗？”得到的答案竟然出奇的一致，被问到的女生几乎都回答：“那我怎么知道？我长得中等偏上。”实际上，这些受访者当中有相当一部分人的长相并不算中等偏上，但是她们就是觉得自己是中等偏上。在能力上也是如此，几乎所有能力堪忧的人都会觉得自己的能力是中等偏上，稍微好一些的则会觉得自己非常优秀。这种自我感觉比实际情况好的情况，不是光靠心态就能解决的。想要最大限度地避免这种情况的发生，我们要做的第一件事就是用事实取代仅凭感觉。这个事实要靠自己的记录和观察获取，然后进行分析。在表述上一定要杜绝模糊化的词，如：好、还可以、一般、优秀，这些比较抽象的词一定不能出现在你的结果里面，而要用数字和量词来代替。

比如，一个销售人员想要知道自己能力最好的办法就是把自己以往的成单额记录下来，再跟其他人的成绩进行对比。这样得出来的结果可能会让自己觉得有些失落，但是比起自己凭感觉给出的答案要客观很多。需要注意的是，这样做的时候一定要只认结果，不想理由。如果脑子里面想的是我成单少是有原因的，那就等于又回到自我感觉当中去了。

2. 给自己照镜子

以人为镜从来都是看见真实自我的有效途径，让我们对自己做出客观的判断，就算我们真的有心这么做，也难免会有“只在此山中，云深不知处”的困扰。特别是当我们需要做判断的问题难以数据化的时候，这种困扰就更加明显了。比如，我是行动派还是理想派？我是不是一个情绪化的人？面对这些问题，我们很难对自己做出一个客观的判断，而且也不太容易数据化。这个时候就需要从别人口中去了解，把别人当成镜子照照自己，得出来的答案往往会更客观一些。

但是这么做的话，怎么找到对的人却是一个技术活。这个能起到镜子作用的人，必须满足几个条件：首先，他对你要有足够的了解。如果对你没有足够的了解，他给出的答案自然就没有多大的参考价值了。其次，他要能做到知无不言，言无不尽。这个人他不能碍于面子怕得罪你而不方便说实话，也不能因为对你有强烈的好感而看不到你的不足。最后，他得真心希望你越来越好。这样的人听起来很不好找？我的经验就是，两种人可以胜任：一种是他知道你的优点和缺点，虽然平时对你各种尖酸刻薄，也依然能包容你的人，也就是我们说的闺密和死党；还有一种就是和你有着相同价值观的人，比如青创客，我们同样都是异类，有着相同的价值观，我们就经常互相当对方的镜子，效果非常不错。

3. 变现才是硬道理

很多人在做路径设计的时候会混淆我想做什么和我能做什么。千万不要相信"只要你想你就能"这样的话，每个人都有自己适合做的事情。当然，我说的不是绝对做不了，而是做着很难、很累且难见成效。因为这不符合我一贯的高效原则，一件事情我们能高效地做起来，这才算是"能"。比如，有个人喜欢舞蹈，就会觉得我可以设计一个通过舞蹈来达成梦想目标的路径，这样行不行呢？不能自己想，不能我觉得还行。你去做，看看能不能用来变现。我一再强调变现，变现是个硬道理。而且变现还需有一定的标准。曾经就有一个喜欢舞蹈的小伙伴跟我说："萌姐，我喜欢舞蹈，我想通过舞蹈来获得自己想要的人生。"

我说："舞蹈在你这里可以用来变现吗？"

她说："可以的，萌姐，我也开直播的，经常会有人送礼物。开一次直播能有几十块钱的收入。"

这样虽能变现，但不是一个长久的模式。它没有达到我所说的标准。我所说的这个标准是什么？如果它变现的额度低于你的主业，这就只能算是个爱好。如果跟你主业的收入相当，你可以作为一个兼职，做个斜杠青年。如果它达到了你目前主业收入的两倍以上，那它就能成为通往梦想目标的主要路径。它可以成为你的一份事业。

这就是我分享给你的三个方法，让你在面对自我现状分析设计人生蓝图时依然保持理智的思考。前面的内容中我强调过做出客观判断的重要性，分享了我们应该具有一种什么样的心态。我把这三个方法教给你之后，希望你再面对这些问题时，不用再靠心态来硬撑，而是用方法解决问题。

04

CHAPTER

奋斗的路上白骨森森，成功的人凭什么

第四章

01 第一节 做自己人生的 CEO，用商业思维盘点自己

从现在开始，我们一起了解一下实现人生蓝图不得不做的那些事和必须具备的那些能力。这些事情做不好，再好的人生蓝图也会变得徒劳无功；而不具备这些能力，有些事情就算我们用尽洪荒之力也未必能够做得好。

现在，我们就来了解第一件必须做的事情。我要说的是，从决定改变人生的那一刻开始，我们就应该有一种觉悟。什么觉悟？给自己发年薪的觉悟。这又是一种什么样的觉悟？为什么要自己给自己发工资，为什么是年薪？

给自己发年薪是我对所有青创客提出的要求，它的内在逻辑用现在流行的说法就是“做自己人生的 CEO”。很多小伙伴听到“CEO”这个词，都会有此疑问：“萌姐，你的意思是说，要想改变自己的人生就一定要离开职场自

己当老板，先摆脱打工的命运然后才能获得想要的人生。是这样吗？”根本就不是这样。我自己是一个创业者，也带了很多青创客一起创业。但是对于创业这件事，我的态度算是相对保守的。我不仅不会提倡和鼓励年轻人贸然辞职去创业，就是对于有创业想法的人也要再三叮嘱，一定要三思而后行，谨慎决策。在前不久的线上课程当中，我还在苦口婆心地跟他们说：“数据表明，现在的创业型公司第一年的淘汰率超过98%，也就是说只有不到2%的创业者能够撑过第一年。记住，这还不是能活下去或者能够盈利的比例，仅仅只是撑过去而已。”我跟他们说这些就是为了提醒他们，创业风险极大，万不可轻易入局。

不鼓励贸然创业，还要劝人家不要轻易创业，现在却说要大家做自己人生的CEO，还说一定要给自己发年薪，这个逻辑好像不太容易理解。这样说，也的确会有一些人搞不清楚。因为有这样感觉的人，多半是不够清醒的，他可能还没明白自己活在一个怎样的时代。首先这些人需要明白，我们当下的时代，是一个一个人也能活成一家公司的新时代。这跟我们过去那个世界的差别是非常大的。

过去社会的主流理念是什么？讲的是闷头苦干，剩下的交给我们所在的体系，体系不会亏待这样能干且肯干的人。

现在是什么情况？传统的大组织正在转型，我们的协作方式正在从隶属转向合作。跟我们经常合作的人，也不再只是单位里的那几个同事，而是整个社会的组成部分。可以成就我们的人也许不在同一个平台上，淘汰我们的人也许根本就不是同一个行业。一个人已经实实在在地成了经营和流通的主体之一，而且跟有限责任公司的 CEO 不同，我们这个 CEO 的责任是无限的，而且还永远都不能辞职。

这个世界上的人可以分为三种，一种是先知先觉的人，一种是后知后觉的人，还有一种是不知不觉的人。我们现在来说要做自己人生的 CEO 不能算是先知先觉，因为这件事已经发生了。如果现在连这个逻辑都听不太明白的话，真的就已经落后太多了。所以，在人生蓝图开始践行的时候，我第一句要说的就是做自己人生的 CEO，一定要学会给自己发年薪。这并不是鼓励大家辞掉工作去创业，而是一种思维的觉醒。我所强调的是一种商业思维，以及把自己当成一个公司来经营的 CEO 意识，或者叫作 CEO 视角。如果用 CEO 视角来看待这个世界，将会看到一个完全与以前不一样的世界和自己。

说到这里，道理算是讲明白了，逻辑也捋顺了。但是就算是听明白了，难免还会让人觉得有点蒙。我再分享一个小伙伴运用 CEO 思维完成华丽蜕变的例子，看完你就会明白，做自己人生的 CEO 这件事其实一点都不玄乎，它不仅特别接地气，而且非常有效。

现在这位小伙伴是一位特别棒的插画师，她有自己的插画工作室，虽然工作室主要的事情都是由她自己打理，但她绝对是一个特别优秀的 CEO。做自己人生的 CEO，她为自己发年薪，这是她最近几年的工作状态，她能发给自己的年薪甚至在百万以上。这之前她只是公司里的一个员工，老板负责洽谈业务，她跟其他同事一起负责画插画。在一起画插画的同事当中，她的能力和努力程度都要超出别人一截，所以她的工资在公司里也比别人高，但也就是多个三五百，再不就是千八百的。用她自己的话说就是："在公司里的高工资，其实精神上的回报要远远高过物质上的。"

后来她跟我说："萌姐，我不想再这样下去了。现在我每个月是比别人多挣一些，但是这离我想要的生活还是远得离谱。别的不说，我想要一套属于自己的小房子，小房子就好。北京偏中心一些的咱就不想了，哪怕是郊区甚至是周边地区的房子，用目前的工资一算我都觉得很绝望。"她说这话我还真信，不光是她，大部分人用工资来计算房价都很绝望。

她说完之后我跟她说："你现在考虑一个问题，这个问题你要是能考虑清楚，转机可能就真的来了。"

她以不可思议的表情看着我说："萌姐，你说我要考虑什么问题？"

我说："很简单的一个问题。你就告诉我你是个什么样的人？"

她可能没想到竟然是这样的问题，明显有些发愣，不过想了一会儿还是认真地回答：

“我是一个有着好几年工作经验的插画工作者。”

能看得出她真的是认真思考过了，差不多是我想要的答案。然后我说：

“也就是说，你是靠自己的技能吃饭的，本质上你是个手艺人，是吗？”

她表示认同：“没错，我是个靠自身技能吃饭的手艺人。”

“但是你现在的变现逻辑是什么？是不是你对老板负责，老板对客户负责，然后客户对市场负责？只有客户才能真的向社会变现，而你们包括老板在内都是在他变现之后二次分配链条上的一个环节？你自己还是处于底端的那一环，这么说对吗？”

“没错，在这个链条上，我确实是底端的那个环节。”

“手艺人有多种变现方式。不管是老板也好，客户也好，他们都是 B 端。做自己人生的 CEO 一定要让自己直接面对 C 端，也就是直接面对客户。这逐渐成为很多手艺人的变现方式。”

“可是我要怎么才能直接面对 C 端呢？我离开公司这个平台可能就无法生存，而且我们公司也只是单纯地提供插画服务，没办法做完整的内容输出，我自己更不可能做到。”

“做自己人生的 CEO 需要对自己负责，而不是对内容生产行业负责。你的手艺才是你的核心产品，你除了画插画还能做什么？教别人画插画行不行？这样是不是能直接面对 C 端了？”

“嗯，这样也是可以的。”

后来，她做了自己的公众号，并在抖音和快手上分享自己的心得，为粉丝们解答专业上的疑问。再后来还开了直播，把自己学习和工作的经验经过系统整理后，做成独立的课程，帮助很多插画爱好者完成了从业余到专业的转变。当然，在这个过程中受益最大的还是她自己。输出倒逼修炼硬本领的过程让她的专业水平得到了飞速提升，收入自然也提高了不少，不过对于现在的她来说，收入不过是个副产品而已。一开始她并没有辞职创业，这些事情都是在工作之外的时间做的，同样也是经历了从爱好到事业发展模式，再到事业的演变过程。创业对她来说同样是水到渠成的事，在做自己人生的CEO的意识下做事，做着做着就真的成了自己的CEO。上次见面的时候，她跟我说："萌姐，我要在喜马拉雅上开课了，这是一个更大的平台，相信通过这个平台，我能改变更多的人，就像你那时候改变我一样。"

当帮助同学们实现了人生的转变，这是我最自豪的高光时刻。现在她跟我说要去改变更多的人了，这种感觉真是太棒了。

从上面的这个过程不难看出来，我真正改变的是什么？就是这种让她做自己人生的CEO的市场经营意识。最后再强调一下，做自己人生的CEO，为自己发年薪是我们当下思维转变的重中之重。这件事无关职场还是创业，也跟你的职级无关，而是一种把自己当成产品并放在市场上经营的商业意识。

做到这一点最关键的一步就是剥离行业和平台，发掘自己真正的核心产品，这种产品或有形或无形，并以这种核心产品作为原点，用经营自我的商业思维让自己直接面对C端，找到自己的用户。

02 第二节 经营自己，做好自己的首席品牌官

想做自己人生的 CEO，关键是要学会经营自己。不管是在职场还是在创业场上，最起码要具有经营自我的意识。既然是经营自己，那么个人品牌建设就成了一个绕不过去的话题。说到个人品牌的建设和管理，也许小伙伴们接受起来比接受做自己人生的 CEO 这个概念还要困难一些。很多人觉得，做自己人生的 CEO，或者是自己给自己发年薪，其实就是用商业思维来规划自己的人生和未来。这事儿接受起来也并不是太难，但如果说我们必须学会做好自我品牌的建设和管理，很多人就觉得有点迷惑。我自己又不是明星，又不是大牌企业家，做什么品牌管理呢？就算做了个人品牌管理又能有什么用处？这跟我们做事情到底有什么关系呢？

关于做个人品牌建设和管理的必要性，我先不说做了会怎么样，我先说说不做会怎么样。大家都知道我有一个朋友圈计划，已经实行了好长一段时间了。这个计划的内容就是加入我朋友圈里的小伙伴都可以向我提问。我工作日会抽出 10 分钟的时间，跟其中一位进行语音通话，帮他解决问题。有一次我在出差的路上被一个小伙子搭讪了，他说："萌姐，我认识你，我正在看你的新书《从受欢迎到被需要》，你之前的书我也都看过。"然后他就打开行李箱，拿出了那本他正在看的书，开始跟我聊他看这本书的心得体会。他说通过这本书学到了很多东西，也改变了他很多。说真的，听到有人跟我说这些，我非常高兴自己能够给他带去改变。后来就聊到了我的朋友圈计划，他就问："萌姐，那我可以加你的微信吗？"我就同意了，可是看到他的微信昵称我又不情愿了。

是不是很意外？同意了还面露难色？这好像跟我讲的高情商不相符。但是他的微信昵称我真是不知道怎么读出来，我问他："你能告诉我你的昵称应该怎么读吗？"他就愣了一会儿，然后说："记不太清楚了。"你知道一个连自己都不知道怎么读的微信昵称是什么样的吗？我到现在也不知道该怎么形容，反正就是符号、数字、火星文、汉字和英文都有。特别长的一大串，一般人肯定不知道该怎么读。

后来我跟他说："对不起，我没办法通过你的好友申请。你刚才说你看了这本《从受欢迎到被需要》，并且说你学到了很多有用的东西。但是这里面有一章内容是讲个人品牌管理的，我觉得里面的知识点你完全没有理解。我不清楚你这个昵称是怎么来的，但是我需要告诉你的是，一个人加你为好友以后，想要通过微信号找到你是一件特别难的事。而且这个昵称没能传达出任何有效的信息。很抱歉，这次我要拒绝通过了。当然，如果你愿意，你还可以再次添加。前提是我能从你的昵称中了解到你是谁，也能从你的微信中得知你能提供什么，你需要什么。做到这一点，说明你的阅读和学习真的有效了。我等着你下次的好友申请。”

如果这个故事还不能让你体会到个人品牌建设的必要性，那么不妨翻翻自己的微信通信录，看看是不是存在这样的情况。我们通信录里无外乎是两种人，一种是跟我们之间物理接触比较多的强关系，主要是以情感和血缘关系为纽带。另一种只是在线沟通，物理接触比较少的弱关系，主要是以职业合作为纽带。从自我经营的角度讲，弱关系当中的有效资源比强关系还要多得多。但是这些弱关系平时线下交往少，相互了解并不多。那么问题来了，当我们需要寻找合作的时候，从你的通信录里面，怎么去寻找合适的人？

挨个儿问一遍吗？这不太可能。在朋友圈求助？总有一些人你是不希望他们看到自己的求助信息的。最简单直接的办法就是看他们的昵称。在这样的情况下你再去看通信录里面那些弱关系的联系人，你的感觉就会特别不一样。对于那些职业加名称的人，你会由衷地感激他们，比如阳阳美妆、内训师张晓明。你马上就能知道，这个叫阳阳的姑娘，她是做美妆行业的；这个叫张晓明的人，他是为企业提供内训服务的。看一眼就清楚是不是自己想要找的人，你还会知道如何跟他打招呼。因为你知道他叫张晓明，就可以开门见山地说："您好，张老师，我最近在为公司寻找一位内训师，觉得您非常合适。不知道您近期档期是不是方便？"弱关系之间的沟通就是要这样的高效才行。而另外一些人的昵称，则会让人看得一头雾水。先不说上面故事里提到的昵称，就比如相声段子里说的"紫水晶女孩""梦回唐朝""无处安放的灵魂"，这些昵称你能看出他们是谁吗？能知道他们是干什么的吗？完全不能吧。因为你们是平时互动不多的弱关系，本来印象就不太深，面对这样的昵称是不是会有一种快要抓狂的感觉？

实际上，那些让我们一眼就看得清清楚楚的昵称，他们可能并不比别人更适合跟我们合作，但是你们之间发生联系的机会就是要比其他人多得多，这就是人家个人品牌做得到位的原因。而那些永远让我们看不到任何有用信息的人，或许他们的能力比这类人还要好，但是已经不重要了。虽然我们彼此加了好友，他明明就在你的通信录里面，可你就是找不到他。这就是虽然你还不是大咖，但也要进行个人品牌管理的原因所在，普通人也要做好个人品牌的建设和管理，不是因为我们太把自己当回事儿了，而是我们知道自己太不起眼了，如果再不给自己贴上一个明确的标签，让对方在产生相关需求时第一时间找到自己的话，就算是进了某些人的通信录也会因为对方完全想不起来你的任何有效信息而把你清理出去。越是在别人看来毫不起眼的地方，越是要努力彰显自己的存在。明白了这一点，进行个人品牌的建设和管理就会成为一种内在需求，除非你已经准备放弃自己了。

个人的品牌管理应该怎么做呢？这里我们主要针对弱关系来展开，可以分为线上和线下两部分。对于那些以情感和血缘为纽带，平时互动又比较多的强关系来说，做好个人品牌管理只需做好一件事，那就是做一个靠谱的人。他们对你的了解已经够多了，只要在他们看来你足够靠谱，那么所有可能对你有帮助的机会，他们都会乐意与你分享。因此，我们所说的个人品牌的建设和管理所针对的其实是平时印象不深、互动不多、不给点提示就想不起来的弱关系。甚至是现在还没有建立联系，但是有可能需要通过某些标签搜索才能找到你想找的人。思想上的这个弯儿，一定要先转过来。**做品牌管理，不论是线上还是线下，内在逻辑都是一样的，都需要清楚且明白地回答好下面这三个问题：**

我是谁？

我能提供什么？

我需要什么样的机会？

在《从受欢迎到被需要》中说到这个问题的时候我说过，

在课堂上我一般都会通过自我介绍的形式来准确把握这当中的关键点。想想我们在结识新朋友的时候，是怎么介绍自己的，会不会像下面这样：

“您好，我是张晓明，我来自哈尔滨。”

“您好，我是张晓明，我是李大民的好朋友。”

“您好，我是张晓明。”

这三种介绍方式，是不是我们经常用的？但是这样的介绍方式会在对方心里留下什么样的印象呢？无非就是“哈尔滨的张晓明”“李大民的朋友张晓明”，或者就只是“张晓明”这样一个名字。这样的印象能有什么用呢？恕我直言，真的没有什么用，你作为一个新人很快就会被对方忘掉。这几种自我介绍的方式是失败的，正确的方式应该是这样的：

“您好，我是张晓明，我是一名婴幼儿辅食研究者，如果您或者是身边的朋友有这方面的需求，我可以提供一些指导。”

或者是其他的句式，比如：

“我是专门研究婴幼儿辅食的张晓明，您有这方面的疑问的话，我可以给您一些建议。”

就是这么简单，具体的句式你可以根据实际情况做具体的调整，但是核心的三个要素一定要明确传达出去：我是谁？我能提供什么？我需要什么样的机会？一个都不能少。但是在具体表达的时候，第三个要素一般都需要巧妙地隐藏在第二个要素当中。这就是利他思维的运用，你能为他做什么比你需要他做什么更能给对方留下深刻印象。而名片和线上的昵称则是为了强调这三个信息的有效方法。如果你的昵称是“辅食研究者张晓明”，那么你每一个信息的发出都等于是在提醒对方，你们在线下互动时的场景。这对你的身份也是一种强化，他的意识里就会把“张晓明”和“辅食研究者”画上等号。不管是他还是他身边的人，一旦有这方面的需要和疑问，第一时间能想到的就是张晓明。

这一节我们讲的是怎么做好自己的首席品牌官，这样的表述比较高端大气，但是具体的操作却是非常接地气。就是通过三个关键要素在对方的通信录和印象当中为自己贴上一个标签，把自己和他某方面的需求画一个等号。让更多弱关系的联系者能够在第一时间找到你，那你就是一个特别优秀的品牌官了。

03 第三节 互联网能力金三角，三个角色与三种能力

过自己想要的人生，为自己设计未来的人生蓝图，我们这样做的目标是什么？不就是要自己的人生自己说了算吗？所以既然设计好了自己的人生蓝图，那就必须有做自己人生的CEO的觉悟。做自己人生的CEO就一定要具备“把自己当成一家公司来经营”的商业思维，我们在前面就是这么说的。但是，拥有这样的商业思维只是一个开始，做到了这一点只是拥有了一种可能性。这个可能性到底能不能变成现实，还要看我们能不能做好关键的三件事，扮演好自己的三个角色。这关键的三种能力和三个角色是运营金三角的三个核心要素，搞定了这个运营金三角，按照之前的梦想设计顺利完成变现就是一件值得期待的事情了。

三种能力都是什么能力？三个角色又都是

什么角色呢？**三种能力分别是做产品的能力、做好市场营销的能力和运营的能力。它们所对应的三种角色分别是产品人、营销人和运营人。**做自己人生的CEO还有一种说法是，一个人要活成一个团队，而这三种人就是这个团队的核心力量。具体应该怎么做呢？我们一个一个来说。

移动互联网时代的能力建设

先说如何做一个出色的产品人。想要做一个优秀的产品人，就得拥有较强的产品生产能力。有些人可能觉得这话说得有些大了，而且这也不是一个想到就能做成的事，不要说做好，就是做到恐怕都很难。因为提到产品生产的能力，大家想到的是工厂、机器、工人，这肯定不是一个人就能做到的。那一个人活成一个团队，同时扮演三个角色，凭什么？凭的是对产品的深刻理解。凡是一提到产品就想到建工厂的人，其实是在产品和有形产品之间画上了等号。没错，有形的产品是产品的一部分，而且还是最明显的那部分。难怪大家一说到产品就会想到工厂，但当我们一个人就是整个团队时，我们一定要看到无形的产品。什么是无形的产品？就是以时间、精力和技术为主要成品的看不见实体形态的产品。比如各种咨询类服务、线上课程或线下课程等，它的主要成本就是做知识技术和经验的储备。比如我的课程，它就在我的脑子里，别人看不到它的形态。再比如谈判专家、销售高手，他们所提供的产品都是别人看不到的，这就是无形的产品，做这类产品是不需要工厂、机器设备和工人成本的。所有的成本就是产品提供者自己的时间和精力，从这个维度上来说，我们说要做个出色的产品人，要不断打磨自己的产品，是不是感觉就是一件特别靠谱的事情了呢？

你只需要不断精进自己的技艺，就能不断把产品打磨好，做一个优秀的产品人。我们一直在提倡微创业和轻创业。什么是微？就是少数人的团队，甚至是一个人的公司。什么是轻？就是重技术轻资产。不用买地建厂，不用添置设备，不用雇用大量的人员，一间书房、一台电脑或者是一个工具箱，一个微型团队的配置也就够了。无形产品是我们从爱好到事业发展模式，再到事业的发展路径能够实现的基础。这也是我一直在提倡的自我发展的路径，完全没必要动不动就抵押房产、挤压父母的养老金和孩子们的教育金，然后一股脑儿地投进去，这是非常冒险的行为。我们有句话叫“兵马未动，先想败局”，如果这件事失败的结局是你能够承受的你就去做，否则就不要轻易尝试。而对于绝大多数年轻人来说，走重资产的路子可不是一个好主意。

足够重视无形产品，走微团队、轻资产的路子。这是一条只要你想你就能走的自我发展的道路。但凡拥有谋生的一技之长，并愿意继续打磨这种技能，那就能做一个出色的产品人。我把这条路叫作手艺人的逆袭之路，一个合格的手艺人本质上就是一个优秀的产品人，他的手艺就是出色的产品。可是，想要拥有一门靠得住的手艺也不是一件容易的事情，很多人在一个领域深入了好多年，若论起专业能力来也不过是个泛泛之辈。如果现在我们还不够出色是不是就没有机会了呢？不一定，你要想有机会肯定就会有的，比如我们创业教育板块的小伙伴们正在做的创业者培养计划。

我们再回到产品人的话题，产品可以分为有形产品和无形产品，一种就是我们前面所说的那种手艺人的产品，他们是产品的生产者。此外，还有一种产品人，比如我们创业者培养计划当中的小伙伴们。他们通过什么来影响自己的团队？当然是他们的课程。这个课程是哪里来的？不是他们自己研发的，是我们授权并全程支持的。课程也是一种无形的产品，通过授权和支持而获得提供无形产品的途径，这就是无形产品的另外一条重要途径。这条路要想走起来就更加容易了，只要你想并且愿意付出持之以恒的努力，这条路就走得通。

下面，我们把营销人和运营人放在一起说，因为在移动互联网时代，很多时候营销和运营是无法做明确区分的，不同公司营销和运营岗位的职责也都各不相同。但是我们并不打算对这一点做过多的解释和分析。我们是要探讨在互联网能力金三角语境下，怎么做好一个营销人和一个运营人。那么，什么是营销人的角色定位？就是向特定的客户推广和宣传产品，从而促成产品交付，这样的角色就是营销人。那运营人的定位呢？所谓的运营人，就是通过各种渠道，把准客户聚拢在自己营销覆盖之下的人。为什么我会给出这样的角色定位呢？这是因为我所说的互联网能力金三角是有着精准指向的，我所要交付的对象就是想要通过爱好、技能，再到事业这个路径来改变人生的小伙伴们。这样的人需要让自己活成一个完整的团队，他们也必须同时扮演好这三个角色，因为他们不太可能动用大量的渠道和资源进行产品的推介和公司化的系统运营。而我对营销人和运营人的角色定位就是为了精准对接我所要交付的对象。既然我对这两个角色分别做了定位，那为什么还要放在一起说呢？那是因为这两个角色所对应的两种能力构成一种相辅相成的关系。

但为了便于讲解，我还是分开来说。营销人所对应的能力是完整的内容输出能力。而运营人所对应能力的核心则是对被我学生命名为“萌氏金三角”的精准把握。我们先来说营销人所对应的完整的内容输出能力，为什么我们必须要求是完整的内容输出的能力？因为内容输出是分很多种的，公众号上的文章算是一种输出吧？各种平台的短视频也算是一种输出吧？直播也算是一种输出吧？在公开的场合进行演讲也应该算是一种内容输出吧？没错，这些在不同平台进行不同形式内容输出的能力合在一起才是完整的内容输出的能力。我们再来做一下汇总，我们所说的完整的内容输出能力，包括出色的写作能力、音视频输出能力、清晰流畅的演说能力、富有感染力的表达能力和个人品牌的包装能力。这些能力不光是用在产品的推广和宣传上，同样也可以用来从各类平台通过各渠道把公域流量转化为私域流量，让潜在客户聚拢在自己营销覆盖之下，也就是我们上面所说的运营上的能力。

最后，我们来说说运营人的角色和它所对应的“萌氏金三角”，它是一个金字塔形状的图。

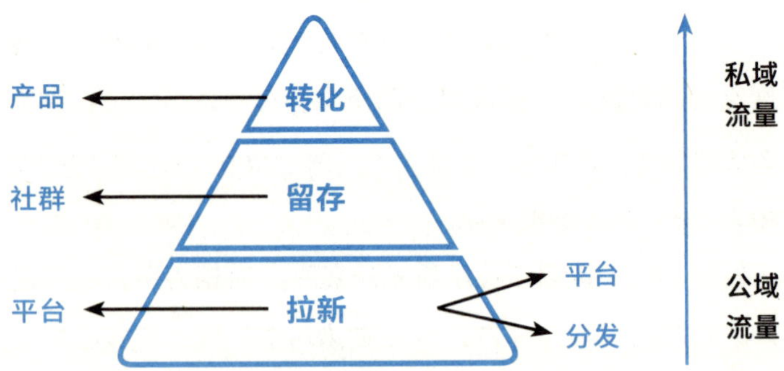

萌式金三角

从下往上分三个部分：最下面的部分叫拉新，中间的部分叫留存，最上面的部分叫转化。这是一个完整的互联网运营路线图，这里面需要用到的就是前面提到的营销人完整的内容输出能力。比如拉新这个部分，拉新就是让更多之前没有联系、没有接触过的人看到你、关注你。拉新靠的是什么？靠的是平台，比如抖音、微博、一直播、喜马拉雅、微信公众号等。

这些平台都是公域流量聚集的地方，我们要想让这些平台上的用户看到自己，就得有内容的输出。比如抖音上的短视频靠的是策划表达能力，一直播上开直播靠的是演讲能力和表现力等。

如果在这些平台上汇聚了一定的流量，那下一步就是要把这些公域流量变成属于你的私域流量。这靠的是什么？那就得靠社群，你需要建立自己的社群部落，把粉丝导入到自己的社群里面，然后在这里完成留存。这是一个建立信任感的过程，需要与大家一起做些事情，通过互动互联建立情感上的信任感。这个过程会流失一部分流量，但是能留下来的就是可以促成转化的准客户。

完成了留存这一步，最后就是转化了。完成了转化，整个运营过程才算是真正落地。你这个 CEO 才会拥有属于自己的收入。这个过程靠的就是之前讲述过的产品人能力，只有过硬的产品才会最大限度并持续地帮你完成转化。这就是我分享给你的“萌式金三角”，它的核心是三个角色对应的三种能力。修炼这三种能力，扮演好这三个角色，你会拥有成为自己人生的 CEO 能力的前提，成为一个厉害的超级个体。

04 第四节 搞定人，精准把握和运用人性

不知道大家有没有发现有那么一种人，或者可能是你自己，他们每天都觉得自己很委屈，觉得很不公平。每次你跟他们聊点什么的时候他们总会告诉你，说最近自己又被谁伤害了，或者总想找个人倾诉一下“我本将心向明月，奈何明月照沟渠”的苦恼。

比如，觉得自己对待客户很实在，不忍心欺瞒客户，就把产品的所有信息，好的不好的一股脑全都告诉客户。结果客户转脸就在别处下了订单，而且还是同款的产品。是不是觉得很不可思议，难道我不够坦诚吗？还是觉得我人品有问题？

再比如说，我是一个非常热心的人。不管是交情深的还是仅仅有一面之缘的，最看不得别人犯难。看到别人遇到了困难总是会竭尽全

力帮助他们，而且也是实实在在地帮他们解决了问题。可是结果呢？感谢的话从来没听到过，倒是有好些接受过帮忙的人反而离自己越来越远。难道帮忙有错吗？还是没有帮他们解决问题？委屈之余还会忍不住想，到底是怎么了？

不可否认，社会上难免会有少数人品不怎么样的人，但是一旦开始怀疑很多人的人品时，那就一定是自己出了问题。问题就出在我们对人和人性的认知上面。比如第一个案例，我们把所有好的坏的都说给客户听，在自己看来客户应该觉得这是一件好事呀，这符合他的利益要求。

没错，这样确实更加符合客户的利益，但是这不符合他的喜好和体验，也就是你这么说会让他感觉很不好。我们再说第二个案例，你确实帮助了他，但是如果很多人非但没表达谢意，反倒会有意疏远你，多半是因为你帮忙的方式不对。孟子说“人之患，在好为人师”。帮人的时候总是一副“我行你不行”的样子，这同样会让人觉得很不爽。

为什么觉得不爽或者体验不好，甚至比实际上的利益得失还重要呢？这就是人性，是人就具有人性。我们不管做什么事都是在跟人打交道，首先考虑的就是要符合人性，我在给青年萌芽微创业培训时，提出过“人性两极论”，你要知晓人性，才能开拓创业之路。做到了这一点，就能事半功倍。做不到这一点，就只能事倍功半，甚至是结果和预期背道而驰。这当然也包括我们践行自己的人生蓝图，因为不管是什么样的人生蓝图，我们所做的事情都是要对人负责的，那就必须把符合人性放在首要位置。

现在我们就来分享一下人性当中我们不可不知的知识点。其实人性是一个特别不好说的话题，其根源在于人性既简单又复杂。但是，人性对我们来说又是那么的重要，不说又不行。为了便于把这么复杂的话题说清楚，我们以马斯洛需求层次理论作为核心框架，这会让我们的讲述更有条理性和层次感。马斯洛的代表作《人性能达到的境界》对其全新解读的主题是：善待人性得到的帮助。

下面这幅图就是马斯洛需求层次理论的基本内容。亚伯拉罕·马斯洛将人类的需求由低到高依次分为五个层级。分

马斯洛需求层次理论

别是生理需求、安全需求、社交需求、尊重需求和自我实现需求。

每种需求的基本含义我们不做过多的解释，这是一个普及程度特别高的理论体系，想要弄明白这些并不是什么困难的事情。我们要说的是，要怎么解读和应用这个需求层次理论才能获取帮助。

1. 需求可以分层次，但是应用不能分层次，而只能有所侧重

这是我们全新解读马斯洛需求层次理论的第一个原则，也是最核心的观点。

马斯洛把人类的需求分作由低到高的五个层次，这是为了方便我们对人类的需求有个清晰的认知。但是，它们体现在我们自身情况时则具有相当明显的交互性。比如，生理需求是最低层次也是最基本的需求，但是并不代表处在这个需求层次的人就没有其他层次的需求。比如，被尊重的需求是哪个层次都不可缺少的，很多时候这种精神上的需求会大过实际需求，就像我们前面提到过的两个案例。再比如，为了能够体现自己的人生价值，很多人愿意拿着很少的回报做事情，可能他物质上还不是很富有。

作为产品人，我们所提供的产品在满足实际需求上相差不大，那决胜的关键就在于体验上了。现在是明显供大于求的时代，很多竞品在满足实际需求上其实没有太大的区别，所以

我们要在满足精神需求上下功夫。

2. 没有达不成合作的人，只有发现不了需求的人

我们做事想要成功，与他人合作是前提。但是我们经常会觉得有些人太难搞定了，好像无欲无求，根本找不到突破口。事情真的是这样吗？分享一个我自己的故事，我曾经被一个事业单位请去做演讲，两天的课程。我过去后那个单位的领导对我说："你一定要有心理准备，这帮老同志马上就要退休了，基本上已经是无欲无求的状态。之前已经换过好几个讲师了，他们都很不满意，说讲的东西他们不喜欢听，你可一定要有所准备。"我理解他的担心，一帮马上就要退休的老同志，要听我这个小姑娘讲课，而且我的标签还是"高效"，还真有可能被他们轰下台去。

结果如何呢？这些叔叔阿姨听课比谁都认真，不但认真做笔记，就连下课之后还要围着我提问题。而且，他们还把我介绍给自己的孩子，甚至是隔代的孩子。

为什么会这样？因为在课上我就跟他们说了，他们马上就要回到家里享受天伦之乐了，根本就没有必要听我讲什么高效人生之类的东西，但是他们可以把我的这些东西带回去讲给自己的儿女或者是孙子、孙女们听，这样对他们的成长会有一些帮助。我说"学会的最高标准是会教"，大家的学习目标不是为了自己，而是为了更美好的家庭。就这么几句话，他们

的状态马上就变了，不但自己听得认真，回去还会讲给孩子们听，有些听得不太明白的地方，第二天一有时间就会提问。

所以，这个世界上从来就没有不能被搞定的人，也不存在所谓的无欲无求，只是我们没发现他的需求而已。因为无欲无求本身就是一种需求，需求不在物质上，就在精神上，不在自己身上，也会在在意的人身上。只要认真对照马斯洛的需求层次理论认真分析，总能找到他的需求，找到了就不难搞定。

3. 满足需求一定要清晰

我们说过精神需求要融合在所有需求之中，但是同时也要注意，精神需求很多时候只能起到辅助性的作用。

人性就是如此，我们需要被尊重，但不是空洞的尊重。我们需要体现人生的价值，但是你不能只和我谈人生价值和风险。我们同样需要归属感和认同感，这是团队凝聚力的基础，但是这不是几次团建游戏就能达成的目标。

职场上从来不谈钱的理想派是不可能搞定人的，商场上只注重体验和满足感的产品同样搞定不了客户。有些人在面对客户的时候永远都是面带微笑、无比尊重，但是无法帮他们解决问题。这样的体验即使再好也不会得到客户的青睐。

所以，我们要认识到体验的重要性，更要弄明白什么是立足根本，什么是锦上添花。以满足低层级需求为主，以满足高层次需求为辅，这样才能更好地搞定人，做好事。

4. 一切需求都是源自自身

先来说一下之前提到的利他，利他思维的本质是什么？很多时候利他都只是一个过程，是为了达成这个目标，只不过这个目标是通过先满足别人的需求为前提的。为什么要这样？因为这样才符合人性，**人性的本质就是一切行为皆是源自自身的需求。**只有先满足对方的需求，才能激发对方对你所希望他做的事情的激情。有没有纯粹的利他呢？看起来纯粹的利他确实是有的，为什么说是看起来纯粹的利他？因为这种利也是源自他更高层次的需求，比如自我价值实现的需求和被尊重的需求。明白了这一点，就知道了搞定的秘密不在于自己，而在于对方。

这就是我要分享给你的以马斯洛需求层次理论为基本框架的，通过精准把握人性来更好地搞定人。我们也可以称之为善待人性所能得到的帮助，主要是三个方面的帮助：**需求可以分层次，但是应用不能分层次，在产品满足实际需求相差不大的情况下，要学会通过满足体验取得胜利；牢记没有无欲无求的人，也不存在不能搞定的人，只要牢记马斯洛需求理论就总能找到突破口，一切行为皆是源自自身需求；搞定人必须从对方的需求入手，从利他开始换一种方式搞定人才是可循之道。**

05 第五节 把握当下，拥有与时代和解的能力

先说几句我看到过的宣传语："20 年前，你错过了 20 年 60 万倍的阿里巴巴。15 年前你错过了腾讯的港股登陆……现在你还要错过移动支付、云计算、区块链吗？"这是一段区块链推广的宣传语，我们对这段宣传语不做任何评价，就是想问问大家，这样的话是不是很熟悉？比如，错过了阿里巴巴，错过了微博，错过了公众号，现在还想要错过个人直播吗？再比如，阿里巴巴开淘宝你没醒悟，做微商你没赶上趟，现在 5G 时代就要来了，你还要选择浑浑噩噩吗？

这些话都在表达什么？是不是机遇？为什么一说机会就要说淘宝、微商、区块链、直播这些事物，因为这些都是我们社会近十几年来曾经出现过的风口。为什么有的人能抓住，有

的人到现在也未必能明白呢？错过了阿里巴巴，因为我们不是马云，错过了腾讯，因为我们不是马化腾。为什么以他们为代表的这一类人，在风口面前每次都能抢占先机？因为这类人的身上有一种其他人不具备的能力，叫与时代和解的能力。这种能力能让他们准确把握时代发展的脉搏，让他们准确感知下一次的风口并提前做好准备。

那么，风口重要不重要？我们都应该听过“站在风口上，猪都能飞起来”的说法。我现在跟你确认一下，风口确实能有这样的力量。哪怕本身并不是那么出色，只要站的位置对，确实能够在短时间内出现指数级增长的情况。同时我也要郑重说明一点，凡是因为站在了风口而飞起来的猪，不一定有好的结局。

那为什么有那么多的人因为风口而成就了超级商业帝国呢？因为他们不是在风口飞起来的猪。什么是因为风口而飞起来的猪？就是自己本身不够优秀，只是运气的原因站对了位置而获得了飞升，但是飞起来之后他们还是蒙的，甚至会错把风口当能力。这些人就是在风口上飞起来的猪。这就是我们前面提到的那句话：“人永远没办法挣到自己认知范围之外的钱，除非你有特别好的运气。可是凭运气挣到的钱，迟早也会凭自己的实力全部赔进去。”凭自己的实力全部赔进去，这就是他们的常规结局，而且是飞得越高摔得越狠。因为风口的相关知识根本就不在他们的认知范围之内。

而那些能够抓住风口成就一番事业的人，其实应该用另一个词来描述他们，那就是：弄潮儿。弄潮儿身上有什么特点？最重要的一点是他对浪潮和水流有着特别深刻的认知。他们知道哪个地方、什么时间，会有多大的浪潮。然后他们提前就做好了准备等着浪潮的到来。

如果再回到风口这个话题，这一批飞起来的人不是猪，而是鹰。鹰对于风拥有超强的熟悉和驾驭能力，所以每次风来他们都能成就一个超级帝国。但这样的事情不是谁都能做到，不可能人人都成为商业领袖。不过没关系，对于我们普通人来说，只要具备跟上时代脚步快速前进的能力，就完全可以成就一个不一样的人生，这是可实现的。为了帮助大家做到这一点，下面我会分享在当下这个时代，我们应该怎么做。

5G时代大家都不陌生吧？很多人都知道5G时代马上就要来了，我要告诉你的是，其实它已经来了。那么5G时代最大的特征是什么呢？首先，它最大的特点就是快。它的快带来的改变是什么？就是整个社会的节奏都变得快了很多。第二个特征是万事万物都可互联，在5G技术的加持下很多壁垒会被打破，这就会产生各种可能性，我经常跟身边的小伙伴们说，我们拥有的可能性超过了以往任何时候。那么，怎么才能在这样一个充满了各种可能性的时代找到自己发展的机会呢？那我们就得这样做事：

1. 快的时代，做事一定要更快

“快”是5G时代主要的特征，在这个超快速时代做事，我们也要有快的效率意识。我们知道，任何一个新兴行业，都有红利期、暴利期、微利期和无利期。**我们要想做事最好就是在红利期切入，在暴利期崛起，在微利期突围，在无利期到来之前完成下一个周期的开始。**

之前这个周期都是发展得相对比较慢的，传统的生意和协作模式变更的周期是上百年，再往前一个周期甚至能有上千年的时间。但是，从以淘宝为标杆的电子商务的崛起到微利期用了二十来年的时间，到现在为止，很多淘宝商家并不依旧享有昔日辉煌，那是因为任何事物发展都有它的微利期，之前在红利期进驻，在暴利期崛起的老牌商户凭借着自己的积淀所形成的品牌效应，现在的日子过得还算可以。

但是谁现在想新开一家店铺，在微利期起盘，不一定明智。很多老牌店铺都在新的平台寻求突破的路径了，再后来出现的微商，它们的周期变得更短了，虽然兴起的时间比淘宝晚了很多，但是同样也已接近微利期。这时候同样不是做微商的好时机。而直播从2015年爆火的红利期到暴利期只用了不到三年的时间。红利期papi酱只用了一两个月的时间就获得了千万投资和过亿估值，暴利期李佳琦一个人的业绩就超过某些上市公司。而这个暴利期也是有时限的，它就是留给我们做事的窗口期。“小李飞刀，唯快不破”，红利期已经过去了，暴利期就绝不能再错过，等到了微利期再进入，一切就都来不及了。

2. 无门槛时代，敢比会更重要

2019 年我跟一个跨国公司的高管一起聊天，他说："有一个问题我不知道合不合适问。"我说："你尽管问。"他说："我看到你们很多的青创客其实学历或者履历都不是很出色，但他们是怎样做到高收入的？"其实我们有些优秀的青创客，他们第一年的收入就突破了百万大关，这让他觉得很不可思议，因为他们的大区经理也才七八十万年薪，而且他们基本上都是海归或国内 985、211 毕业的，是我们通常以为的"精英"。

为什么会这样？因为他们是在一个稳定的体系里面走一条固定的路，这是一个萝卜一个坑的模式。你得用足够的时间去熬，把别人熬走了你才有上位的机会，而且待遇还要受到行业平均薪水的限制。但是青创客不一样，他们都是没有天花板的发展模式，他们当中的很多人事业发展很快，我给他们定的目标是：年收入在 10 万之内，你只能把它作为一个事业发展模式；年收入达到了 30 万，你可以作为一项工作来做，因为做到这个程度是需要一定的时间和精力的；当年收入达到了 100 万的时候，你就可以组建自己的团队，这是你的一份事业了。

事实证明，很多人完成从刚有创业想法到把创业之路做成一份事业的转变速度超出我的想象。他们在新的机会面前，不仅敢学，更是敢做。所以，我总结出来一句话：**无门槛时代，**

敢比会更重要。

3. 连接的意义在于一起把蛋糕做大

创业年入 100 万的优势，有一个很重要的因素在于他们做事的思维并不是传统的切蛋糕的模式。

什么是切蛋糕的模式？市场就像是桌上的蛋糕，它只有那么大。一帮人围着桌子切蛋糕，有人切的多了就必然有人要切的少，这是一种此消彼长的关系。

所以，传统的模式就是一种你死我活的竞争关系，只有更多的人被淘汰掉，剩下的人才能多分一点。但是，我们现在做事情奉行的是做蛋糕的思维，大家想要分得更多那就一起想办法把蛋糕做大。只有这样，万物皆可互联的 5G 时代给我们创造的更多的连接机会才能发挥更大的价值。

在一年一度的 2020 年元旦跨年大课上，我有幸在很多教育界前辈的面前分享了我们独创的对结果负责、陪伴式成长的学习模式。教育培训界的前辈说："张萌，你们的这套学习方式接下来很有可能改变全国的教育培训行业。"那么，我为什么要这么做呢？就是因为我奉行的同样是做蛋糕的思维，我们想要取得更好的发展，可以连接很多人一起把这个蛋糕做大，以此来帮助更多的人，而不必在现有的市场上拼个你死我活。

这背后其实是我们前面提到的利他思维，只有学会利他才能一起把蛋糕做大，这是我们在这个时代应该有的做事态度。

06 第六节 在边界内做事，边界感是成事的防护罩

先讲一个我自己的故事。有一次我跟一个前辈一起吃火锅，其间他问了我一个问题，他说："张萌，我问你，火锅里哪里的菜是我们吃不到的？"这个问题让我有些不明所以，连着回答了几次他都说不对。我就说："你直接公布答案吧，我猜不到。"然后他意味深长地笑了一下说："我们永远不可能吃到火锅外面的菜。所有的菜，我们在吃之前都要先把它夹到火锅里去涮。"他是我特别尊重的业界前辈，我知道他不会跟我说吃饭这么无聊的问题，他的话肯定是别有深意。然后我就开始琢磨，他真正想要说的是什么。

再讲一个好玩的段子，小 A 和小 B 是一对儿特别要好的闺密。有一天小 B 跟老公吵架了，吵得很凶，看起来随时都有可能离婚，于

是小B带着满心的委屈到小A那儿借宿，作为闺密，小A自然是各种开导、劝解、安慰，但是好像没有什么作用。气头上的小B扬言必须离婚，不接受任何形式的劝解。眼看着这事儿没有缓和的可能了，小A也放弃了努力，坦白说她也并不觉得小B离婚有什么可惜的，索性就敞开了说，把之前没敢跟小B说的她老公的黑历史全部抖出来了。结果小A越说越来劲，但是小B却越来越冷淡。到天快亮的时候，小B起身整理了一下自己的东西，说："行了，我回去了。"

"回去？回哪里？"

"回家呀，他一会儿过来接我。"

"和好了？"

"嗯，刚在微信上给我道歉了。"

"嗯……那好吧，那你回吧。"

……

"你说这人怎么能这样呢？要不是今天遇上了这事儿，我都不知道人竟然可以恶毒到这种地步。"

看着小B冷冷地走出自己家门，小A觉得她们之间的关系可能已经走到尽头了。

一个是我自己的故事，一个是尴尬的段子。有没有猜到，把它们讲出来，我真正想要表达的是什么？其实就是四个字："边界思维。"这四个字是这位前辈跟我说过那些话之后，我慢慢品味出来的，现在已经成了我们创业小伙伴都在奉行的一条铁律。不管是谁，要想成事就一定要遵守边界思维。在自己的边界内做事，一旦超出了自己的边界就等于踏入了未知之地，这是很危险的。下面我们一起来聊聊我们必须守住的几个边界，当然，更重要的是，我希望借此把边界思维印刻在自己的大脑里。

认知边界

我们先说这个认知边界，因为之前我已经提到过好几次。我们提到过，人永远不可能赚到超出自己认知范围之外的钱，这句话说的就是认知边界的问题。前面这位前辈跟我说"我们永远不可能吃到火锅外面的菜"，说的也是这个问题。他所说的"自己的火锅"，就是自己的认知，火锅的边沿就是我们认知的边界，而他所说的"菜"，指的就是我们能赚到的钱。现在很多人考虑问题的时候显然没有意识到这一点，他们经常会问：

"萌姐，现在做什么比较有前途呀？"

"萌姐，你觉得现在哪个行业能赚钱？"

每当他们问我这些问题的时候，我想说的都是，其实这事儿你得问自己，你说做什么比较有前途，那就是做在你认知范围内的事情，你能够把控得住的事情才会有前途。现在你看到有个行业比较火，有人挣到钱了，你能不能去做？那就看这件事是不是在你的认知范围之内了。如果你都不知道他挣钱的逻辑是什么，这里面的风险在哪里，那你凭什么能把这件事做好？凭什么能挣到钱呢？就凭自己很努力，还是凭借自己的高投入？对不起，这些都不行。包括一些企业家，一旦在一个行业里取得了一些成绩，马上就琢磨去别的圈子里试一试，稍微专业一点的说法，这叫跨界。在这里我要申明一点，我不反对跨界，也不是说跨界不好。我反倒是一个鼓励跨界的人，我说过现在是一个无门槛的时代，在万物皆可互联的时代，外界给我们设立的门槛越来越低。我们拥有的可能性比以往任何时候都多，但是这并不意味着我们就无所不能了。无所不能的前提是无所不知，但是这个前提是不太可能出现的。什么能做，什么不能做？判断的标准就应该是认知边界。边界内的可以放手去做，边界外的千万不要贸然去做。这是了解认知边界对我们的帮助所在。

还有一种边界叫能力边界，意思是不要做超出自己能力范围的不太擅长的事情。这个观点我是非常赞同的。之前也是有一位前辈，他有几十年的创业经历，而且在事业上相当有成就，属于那种名望很高的超级大咖。有一次我问他，能不能给我的小伙伴们讲上一课，也算是我们的一种福利。我经常会做这样的事情，把一些特别优秀的朋友请过来分享他们的宝贵经验。这位前辈很给面子，爽快地答应了。然后我说："您觉得能跟他们讲点什么呢？"他说："我讲什么都可以，我这些年什么都做过。"我说："那不行，你什么都能讲也就等于是说什么都不能讲，你必须得选一个最能够代表你的话题来讲。”想做个人品牌的人一定要注意，别人因为你是专业的才记住你，你必须是某个领域的代表性人物。永远要清楚自己的能力边界在哪里，知道什么是自己做不到的，这是我们的成事之道，但是能力边界我不单独列出，因为我认为能力边界其实也是一种认知边界。很多的不能都是因为认知不够所导致的，我们为其赋能的逻辑也是先改变他的认知，后改变行为。要让他能，必须先让他知。所以我把能力边界和认知边界放在一起讲。

关系边界

我们开头讲的那个段子，为什么会搞得尴尬呢？我的建议是，别说谁对谁错，分对错是我不太主张的一种表达方式。遇到事情不要轻易说对错，更不要轻易用对和错来进行责任划分，这是一种非常不成熟的处事方式。遇到这样的情况，我们要考虑的是，到底是哪里出了问题呢？这是两种截然不同的处理问题的思路，分对错的思路一般都是奔着追究责任去的，这样往往就会把事情搞得更糟。而首先考虑到底是哪里出了问题，这才是一个解决问题的思路，这样才能让事情发展得越来越好。

那么我们前面讲的那个段子，是哪里出了问题呢？其实是关系边界出了问题。古人有句话说得非常好，叫作“疏不间亲”。这是一种大智慧，为人处事不是光有一颗善良的心就行的。说什么样的话，说到什么程度，办事儿办到什么程度，很多不是由实际需求决定的，而是由双方所站的位置决定的。这一点有多重要，我深有体会。当我的团队成员遇到问题的时候，我从来不会直接帮他们解决，哪怕这件事对我来说一点都不难，我也不会去做。但是问题又不能不解决，于是我就采取另外一种办法，我带他们去听课。当然，我知道这个课程肯定能解决他的认知上的问题。有一次我带海涛去听课，一连听了三天，海涛收获满满，然后他跟我说：“萌姐，我觉得老师在课上说的问题，我几乎全中。我再一想，其实你平时就是这么做的呀。但是我知道，要是你直接告诉我应该怎么做，我肯定也会听的，但是效果绝对没有老师讲出来那么好。”

这就是关系边界。之前有很多厉害的人物，他们不会亲自教自己的孩子，而是会把孩子送到自己的朋友那里，让他们帮忙调教，这都是因为他们深知关系边界。关系边界主要的就是看双方的位置和立场。同样的话，有人的说出来就是推心置腹，但是换另外一个位置上的人说出来就会让人觉得是别有用意。哪怕是同样的两个人，一旦位置和立场发生了变化，说话和做事的方式也必须得跟着变。

趋势边界

有一样东西，我从小就很少看，那就是电视。但是一直到网络普及之前，我每天都会看一会儿新闻。因为父母告诉我，那里面有人的运势和未来。没错，我说了“运势”这个词，但是在这里我要说的并不是命理。我说的是一个人做事、成事的机遇。我每天都要看《新闻联播》，看新闻这个习惯我一直坚持到了现在，且我对自己今年的要求是看更多的国际新闻，并且肯定还会再坚持下去。就因为这里面还有特别重要的一点：趋势边界。我们不管想要做什么，都是在社会这个大环境里做的，那就必须读懂社会发展的趋势，而新闻就是社会发展趋势的风向标和晴雨表。你永远要知道，什么是政策提倡的，什么是政策大力支持甚至是全力扶持的，什么又是受到政策限制甚至马上就有可能被取缔的。要想做事，就必须把这些搞清楚。不然就很有可能刚刚奋斗出一点眉目，就受到政策的影响，这是没有任何缓冲空间的。

07 第七节 与危机共舞，在失败中淬炼成功

先问一个问题，大家知不知道什么是“黑天鹅事件”？黑天鹅事件其实是这样的：在 17 世纪之前，整个欧洲的人都没有见过黑天鹅，人们看到的天鹅都是白色的。所以，天鹅是白色的，是当时整个欧洲人的共识。但在 17 世纪的某一天，澳大利亚突然出现了一只黑色的天鹅。然后，“天鹅是白色的”这个看起来仿佛不可动摇的共识，在黑天鹅出现的那一刻崩塌了。这件事之后，“黑天鹅事件”就成了那些不太容易被预测，但是确实会出现，并且一出现就能改变一切的重大事件的代称。

随着社会的发展，当下黑天鹅出现的概率越来越高。知道黑天鹅频飞的结果是什么吗？比灰犀牛还要可怕。灰犀牛又是什么？我们先来交代一下这两个概念的来源。黑天鹅的概念

来自超级畅销书《黑天鹅：如何应对不可预知的未来》，而灰犀牛的概念则来自另外一本超级畅销书《灰犀牛：如何应对大概率危机》，这两个概念在危机防控方法中都占据了非常重要的地位。《人民日报》也曾发评论说：既防黑天鹅，又防灰犀牛。而我想给大家说的是，这两个概念都是能够改变我们认识方式的新知，关键时刻能够帮助我们看问题时比别人更深刻，更清晰，更接近事情的内在逻辑。所以，不断获取新知应该成为我们的一种习惯。

现在我们来说说到底什么是灰犀牛，为什么黑天鹅频飞比灰犀牛更可怕。首先来说什么是灰犀牛：灰犀牛指的是那些可预测、来得慢但危害性极大的大概率危机。因为灰犀牛体形比较大，也比较笨重，视力还很不好，很容易被发现。但是如果不做准备，一旦等它走近我们并向我们冲过来的话，那庞大的身躯所产生的巨大惯性会对我们造成毁灭性的伤害。而且在非洲草原上，灰犀牛也比较常见。再来说说为什么黑天鹅频飞比灰犀牛可怕，因为黑天鹅事件频发，在概率上就变得高了，但是它的不可预测性却没有变。也就是说同样是作为重大危机，黑天鹅更加不可预知，经常让我们猝不及防。

我们举例说明：公司因为经营不善，开始慢慢变得不景气，员工们其实是有准备时间的，或准备跳槽，或学习新的技能，或自己做点什么，都是可以的。但是如果你工作做得好好的，突然收到公司的通知说不用来上班了，因为公司倒闭了；你的事业做得好好的，突然一个跟你毫不相关的领域的一家公司，瞬间让你们整个行业都陷入了危机；你是某个平台的常驻作者，你依靠这个平台过了几年衣食无忧的生活，可是你某天准备登录这个网站的时候，突然发现因为某个偶然事件，这个平台已经不存在了。以上的几只突发性很强的“黑天鹅”是不是比那只可预知的灰犀牛可怕多了？我们应该能够感觉到，现在因为某个偶然事件而导致的颠覆几乎已经成了常态，也就是说黑天鹅频飞的时代已经到来了。那么，在危机面前我们又该怎么应对呢？不管是黑天鹅还是灰犀牛，都没有听之任之的道理。

面对灰犀牛这种谁都能看到甚至可以精准定位爆发期的危机，如何应对我们不做过多的阐述。如果连这样的情况都无法应对，只能说明自己的认知方式是有问题的，这类人需要的不是应对危机的方法，而是改变认知的方式。现在我们重点来说一下黑天鹅这种让人猝不及防的危机。这样的危机应该怎么应对？这类文章最近出现的频率很高，但还是会给人一种“你说得都很对，但是我依然不知道怎么做”的感觉，多半是因为这些立足大的经济和社会趋势分析与研究过于宏观，对于一些大中型企业的帮助多于小微创业。至于连团队都没有的那些想要崛起的个体而言，基本上除了恐慌和迷茫之外不会有别的感觉。现在我就把我们为青创客和萌芽们专门打造的危机应对系统分享给你们。请注意，这是一个应对危机的完整的系统。这个系统概括起来就是：两种模式，多个平台。

先来说两种模式，这是我们一直在倡导的发展模式，在前面我们也提到过。所谓的两种模式就是职场发展模式和事业发展模式。光有职场发展模式不行吗？不是有句话叫作“最好的就是自己的本职工作”吗？至于这两种模式有什么区别，一个是必须做的事情，一个是自己喜欢做的事情；一个是被动要做的，一个是自己主动要做的，它们内驱力的差距是非常大的，而内驱力对于事情成败的影响是非常大的。另外，职场发展模式和事业发展模式是两种不同的变现方式。职场发展模式是零售，事业发展模式是批发，但也有人的事业发展模式也是零售，这种事业发展模式不是我们所提倡的。我们所说的双模式发展，事业发展模式必须是批发变现模式。怎么理解零售和批发的区别？工作的收入是这样的，你为公司付出了一个月的时间和精力，当然也包括你的技能，你就会得到一个月的报酬，你请假或者别的原因没能去工作就不会有收入，这就是零售，一月算一次，而且你的服务只针对公司一方，是一对一的关系。那么批发呢？比如说你是一个主播，或是某个知识付费的专栏作者。你的服务是一对多的，同样的时间、精力和职业技能，成本相同，但是能够面对成千上万甚至几十万的客户，这就是批发。同样的成本你做到了数万次的反复交易，反复获利，你就获得了在接下来某段时间不工作的自由和权利。如果你批发的是自己的课程，那你做完这个课程之后，就可以去做其他想做的事了。如果你完成课程售卖过程，收入也就来了。

说到在危机面前两个模式的不同之处，危机（比如今年突如其来的新冠肺炎疫情）来了工作是最不抗风险的，一旦不去上班，马上就会没有收入。就算以后能去上班了，还有可能被降薪或者裁员。而我们所提倡的那种批发形式的事业发展模式，只要你提供的产品过硬，就算是没有危机。你不想工作，想去做别的也可以。如果遭遇了危机，一段时间不工作也是可以的。而且这样的批发形式，其实是不受其他条件限制的，对危机的抵抗力是非常高的，比如我经常会在候机时或乘车时，或是饭后，录制一节十几分钟的课程。所以，在前面讲人生蓝图设计时，我一再强调一定要职场发展模式和事业发展模式双驱动模式发展，而且事业发展模式一定要以批发的形式展开。做发单员、外卖员、去商场做临时促销员，这些都不是我们提倡的，因为这依然是零售。至于到底应该怎么做，前面我们所讲的包括后面将要讲的，都是关于批发式事业发展模式应该怎么做的内容。

最后再来说说多个平台，为什么要多个平台发展？就是要多占几个赛道，当其中一条赛道出现问题的时候，你能够在最短的时间内切换到另外一条赛道上继续高速前进。现在都在讲危机过后怎么以最快的速度来重启。其实最快的重启是什么？是从来没有停止过，那就是快速切换赛道。快速切换不仅不会停止，反倒会因为大多数人被堵在了原有的通道上而跑得更快。现在已经有很多线下的企业，甚至家居商场的商户，都要求自己的店员开启直播带货模式了，但是这属于被动切换，这也不是我们想要的。他们仓促上阵，需要熟悉平台的规则和提升各项技术，这都是需要过程的。很快他们就会发现，那些早就实现多平台发展的人，在他们重启的时候已经跑很远了。怎么才能做到多平台发展呢？打造自己的变现系统。

每个人都要打造自己用来变现最核心的硬本领，比如演讲、销售、学习能力、记忆能力等。但一般人只有一个变现路径，这个路径往往依附于某个平台，一旦这个平台出问题，他的变现路径就被截断了，这时候重新寻找一个平台，然后再跟这个平台上的原住民展开竞争，后果是可以想象的。所以就需要一个变现系统，或者变现体系。其中会有很多路径，每条路径都连接一个平台，而这不同的路径都可以通过核心硬本领衍生出来。以我为例，我自己是一个创业者，如何创业是我的核心技能。我可以用它来创业，这是最直接的变现路径。然后我还可以把自己的心得体会和方法论梳理总结变成实用的课程，用来帮助别人，这又是一条路径。为了帮助更多的人，我再把它写成书，这又是一条路径。为了让那些平时不怎么读书的人也能得到帮助，我通过直播和线上课程的形式进行分享，这同样也是路径。这些路径合在一起就构成了我的变现体系。在我写作这本书的时间，很多线下的课程都被迫停止了，但是我可以在线上发力，投入更多的时间和精力。此外，我的电商平台也可以迎来它的黄金时期。总之，在危机面前我没有停滞，也不需要重启，因为我有一套完整的变现系统。

这一节内容比较多，我分享了我们青创客和萌芽们都在使用的危机应对系统。我们首先要做的就是相信危机肯定会来，并且随时会来，这是心态上的准备；然后我分享了危机应对系统的关键点：两个模式和多个平台，希望能够帮到你。

05

CHAPTER

你的人生需要强大的助力系统

第五章

01 第一节 打破情商迷信，靠价值获得助力

在第一章中，我提到过那种开挂的人生有多厉害，很多人都想拥有这样的外挂系统。这样的话，那些别人用尽全力都做不好的事情，自己可能只需要打几个电话或是在微信上找几个人聊聊就解决了。可是怎样才能拥有这样强有力的助力系统呢？相信很多人都会想到这个问题的答案：向人脉要助力。

没错，这个方向是对的，拥有广阔的人脉确实能够拥有强大的助力。这一点相信很多人不光是想到了，而且早就已经开始做了。

但是，从我所了解的情况来看，很少有人能把这件事办得很完美。至于其中的原因，首先是方法不当，但是还有比方法不当更加严重的问题。我们先来说说这个根本性的问题，在后面的章节中我们再分享靠谱的方法。

这个比方法不当还要严重的错误就是，很多人在做人脉经营时有两个认知误区，这两个误区要是不修正，后面我分享的方法也就起不到应该有的效用了。第一个需要修正的就是关于人脉的认识。

什么是人脉？很多人觉得人脉就是你认识的有能耐的人，认识的厉害的人越多，说明自己的人脉就越强大。如果仅从字面上理解，这么说也没什么不对。但是如果你真的这么想，且这么去做的话，相信很快就会体会到一厢情愿的尴尬。我们来具体说一下。

比如，你觉得自己已经认识很多牛人，觉得自己的人脉很强大了。但当你打电话向他们寻求帮助时，在这边自我介绍了半天，而人家根本就想不起来你是谁，甚至根本不会接你的电话。

你知道的，一般那些很厉害的人，他们是不会轻易接一个陌生号码来电的。而他们不接你的电话，就是因为你所谓的人脉，你的联系方式在他们看来只不过是一个完全不知道是谁的陌生号。你说这样的情况是不是很尴尬？

也许有人会觉得这么说有些夸张，但这真的夸张吗？大家知道我担任过天津卫视《非你莫属》栏目的嘉宾，我讲一个录制现场的真实故事。

有一个小伙子是做公共关系相关工作的，在录制现场他说认识很多牛人。主持人就问，那比如呢？他一连说出了好几位大佬级别的人名。主持人说，你是不是还认识现场的某位老师，他说是的，他真的认识现场的某位老师，还有这位老师的电话。

当时坐在 BOSS 席上的这位老师立即回应说："这个有可能，他可能是在什么场合要过我的电话，我有印象，但是我没有他的电话。"

其实这种回应已经让现场的气氛有些尴尬了。现场的几位老板也纷纷说，这样所谓的认识可能只是在某个场合见过面，但是不会有什么交流的机会。

而且在这样的场合下，你去要对方的联系方式对方是不太可能给你的，就算是给也不太可能给电话号码。潜台词就是，他们的手机号码有可能是通过别的方式得到的，而且这种场合下就算要到联系方式，这样所谓的认识其实也是没什么价值的。

但是小伙子显然并不认同大家的观点，他跟主持人说现场就可以打电话验证一下。最后还真的现场拨打了其中一位大老板的电话，可是结果让事情变得更加尴尬了。

他手机里确实有这位老板的电话，这一点他没有撒谎。电话也确实打通了，但是电话响了好久对方始终没有接听。

我想说的是，这种情况绝对不只是出现在舞台上。我相信所有以认识哪个名人为荣，并以为这就是自己人脉的人，难免都会遭遇这样的尴尬。不管对方是谁，仅有一面之缘或有一个联系方式，这并不能称为人脉。

到底什么是人脉呢？**我所说的人脉是指能够相互建立可变现关系的所有关系的总称。**

人脉的核心标准有两个，第一是可变现。要学会看重人脉的变现属性，如果不能用来变现，那么对拓展各种关系的价值何在？

第二是双向性，这个可变现必须是双向的。对于人脉，变现固然重要，但是我看重的是这种双向的变现特质。

如果只追求单向的变现，这就叫索取，这不是健康的人脉应有的状态。单向索取偶尔确实能够实现，但是事不过三，这种索取终究不能长久。

所以，你完全可以看明白，什么是人脉？不一定要多大的腕儿，不一定非要拥有多高的地位，但一定是关键时刻能够并且愿意为你助力的关系。

就像我们的青创客，他们算不上拥有大成就的人，但是他们跟那些在我创业过程中给过我很多帮助的前辈一样，都是我的人脉，而且还是有效的人脉。就因为我们之间是一种可以实现双向变现的、稳定而良性的社交关系。

现在我们来说说关于人脉的第二个认知误区：迷信高情商。情商是什么？大多数人会说情商是人际关系的基础，情商高的人都能拥有很好的人际关系。而搞好人际关系在很多人的认知里其实就是拥有高效人脉的意思，因此，很多人都觉得要想拥有可以互相实现价值变现的高效人脉就得搞好人际关系，于是他们便想尽一切办法来搞好人际关系，这是迷信情商力量的人的认知逻辑。

事情真的是这样的吗？其实“搞关系”这个词在我们的社会文化中是一个特别不好表达的词。如果你说一个人特别会搞关系，那这个人给人的感觉多少都会有些不靠谱。

但是反过来，你说一个人特别不会搞关系，你是不是也会觉得这个人不怎么靠谱呢？这就不难看出来，搞关系根本就不是获得高效人脉的基础，最多能起到润滑剂的作用。

这其实又说到人脉的本质上了，人脉的本质是能够实现双向的变现。对方要实现关系的变现靠的是什么？是你的个人价值。

而高情商的作用是什么？对于你来说情商的意义主要体现在让你更加受欢迎而且被别人需要。

但是，受欢迎并不能有效解决你的价值问题。用最接地气的话说就是，跟你相处感觉再好，如果你对他来说一点价值都没有的话，这样的关系还能实现关系变现吗？这个问题可能不容易回答，那我们就用现实中的例子来回答好了。

比如，你身边有这样两个人，其中一个很会与人相处，跟他在一起待着感觉很舒服，另外一个人虽然并没有那么受欢迎，但是他对于你来说有着不可替代的价值。

你跟他们之间分别会建立起什么样的关系？跟好相处的那

个人，你们之间很有可能会建立起一种吃喝玩的同盟关系，不忙的时候一起聊聊天、吃吃饭，找个地方一起去旅游。而另外一个对你来说非常有价值的人呢？你们之间建立的多半是一种更具有现实意义的价值同盟，一起合作做点事情，或解决一些实际问题。

不过，虽然说跟好相处的人彼此之间建立的是一种吃喝玩乐的同盟，但当他需要你的帮助时，在一定的范围内你还是比较乐意提供帮助的，毕竟你对他的感觉还是相当不错的。他跟另外一个人和你之间的关系区别就在这个一定范围上面。

我们不妨再把问题想得极端一些，如果你有一个不错的合作机会，让你在这两个人当中选择，你会怎么选？

这个问题你不用回答。我要跟你说的是，我遇到过不少人，他们都有过这样的烦恼，他们在跟我说的时候都显得非常纠结。平时关系不错的朋友，手里有不错的资源可以一起做点事情，这对双方来说都是一件好事儿。

他满心以为对方会找自己合作的，但是对方却找了个在他看来关系并不如和自己这么好的人合作。更纠结的是，如果站在对方的立场来考虑，他也会觉得那个人比自己的能力更强一些。他们跟我说的是："萌姐，我知道他跟另外一个人合作成功的概率会更大一些。但是我的心里就是觉得不舒服，我也不知道怎么了。"

他到底是怎么了呢？他只不过是不好意思理直气壮地实施

道德绑架，但是在内心深处还是没弄明白受欢迎和被需要在人脉中的位置：受欢迎不过是一个初级阶段，它起到的是辅助和润滑的作用；而被需要，也就是有价值才是高级阶段，它起到的是决定性作用。

而我们追求那种开挂一样的高效助力系统，我们需要完成从受欢迎到被需要的进阶。做一个既受欢迎又被需要的人，这也就是我的上一本书《从受欢迎到被需要》的核心精华。现在明确了这一点，是我们下面在分享具体的操作方法时在认知上的保障。

02 第二节 人脉资源盘点，神奇的 10/20/150 法则

这一节我们需要做的事就是对自己的人脉资源进行盘点，我们将会运用神奇的 10/20/150 法则。当我们第一次运用这个法则时，主要是用来盘点我们的人脉资源，但是盘点过后，这个法则将会变成以后我们进行人脉管理的工具。所以，这是一个一旦学会就要坚持使用的工具，也是一旦开始就要长期坚持做下去的事。那么，我们为什么要做这件事呢？我们做一个比喻，就拿现在的物流仓储管理来说，不管是什么货物，来了就卸货，哪有空地就往哪里放，就为了图个简单省事儿。那么，用不了多久自己就能把自己封在里面，再想要出货的难度可想而知。先不要说能不能搬出去，就是能不能找到需要出货的物资都是一件不可知的事。但是如果换一种方式呢？也许原

来几十天都搞不定的事，现在几个小时就能够完成了。我们要对自己的人脉资源进行盘点和管理，才能达到这样的效果，而 10/20/150 法则，就是让我们能够做到这一点的工具。

为什么要用仓储管理来做比喻呢？那是因为我觉得它们之间有很多相似的地方。首先，它们的容量是有限的。不管这个仓库有多大，它总是有容量上限的。一旦超出这个上限，那货物就要被迫放在外面，会被风吹雨淋，甚至会发霉变质。这点我们很容易看到，也比较容易理解。但如果说，我们的人脉管理能力也有上限的话，大家理解起来就不那么容易了。我们觉得人脉资源不占空间，只是放在通信录里而已，怎么还会有上限呢？那是因为我们说的这个上限，指的是能够经常保持互通往来的联系人上限，毕竟经常保持联系和良好的互动是会消耗我们的时间和精力的，如果超出了这个上限，那只有两个结果：要么就是一部分联系人会因为太长时间没有互动而陷入沉睡的状态，一旦进入沉睡状态他们随时都有可能从你的社交资源中消失。相信我们都会经常对微信和 QQ 之类的通信录进行清理吧，清理掉的不就是那些许久都不联系的，连打个招呼都不知道从何说起的人吗？这样的人，有事儿请他们帮忙，自己也会觉得很唐突。同样，他们要是突然开口请你帮忙，你也会感到很突然。这样的人就很容易被清理掉，因为这已经超出你的有效交际上限了。还有一种情况是，我们为了跟更多的人保持有效的互动就不得不投入过多的时间和精力，这势必会对我们正常的工作和生活造成严重的影响。这跟我们经营人脉的初衷是不相符的，所以我们必须在这个上限之内经营自己的人脉。那么，这个上限是多少呢？就是这个法则中的最后一个数字 150，这个数字是怎么来的？这是由牛津大学的人类学家罗宾·邓巴提出的，所以这个数字又叫“邓巴数字”。容量的上限，这是它们第一个相似的地方。第二个相似的地方就是流动性。

怎么理解它们的流动性呢？物流仓储的流动性我们很好理解，本质上说这里就是一个中转站。虽然仓库的容量没变，但是里面的物资却是一直都在变化的。我们的人脉资源同样也是这样。我们能够保持有效互通的交往人数上限是 150 人，但是并不意味着我们永远要跟这 150 个人打交道。我们都听说过一句话：铁打的营盘，流水的兵。这个 150 就是你的营盘能容纳的人数，但是里面的“兵”却是可以不断更新的。我们的小伙伴每年都会做一个全新的 150 人计划，就是根据每一年不同的目标，重新确定这 150 人的人选。当然这里面有一些是可以变动的，有一些是不可变动的，还有一些是不太容易变动的。怎么去判断呢？这就需要我们全面了解 10/20/150 法则的具体含义了。

10、20、150，这三个数字分别代表什么意思？我们先来说 10，这 10 个人就是我们刚才说的不可变的部分，代表的是跟我们有直接血缘关系的亲属。这是我们所有人脉中的核心部分，是可以不讲求价值变现的。不管是什么时候，只要你遇到了困难他们都会尽力相助。反之也是一样，他们遇到了困难我们也会做同样的选择。这种关系是由血缘和亲情决定的，很少有发生变故的可能。所以我们把“10人”叫作人脉中不可变动的部分。

我们再来说说20，这个20在我们的人脉资源中代表跟你今年目标实现密切相关的人。我曾经编写过一本时间管理的手账叫《赢效率手册》，其中在全年度计划中，把全年的计划分成两类：一类是重要紧急的计划，比如跟你主业相关的计划；另外一类是重要不紧急的计划，比如跟自我提升或者副业相关的计划。每项计划的实现背后都会有一群人，这些助你实现年度目标计划的贵人，就是“20人”。

我们再来说说150，这150人是你一生中，能占据你重要时间价值的人。你跟这些人之间是一种互相认可对方的价值和人品，随时可能通过这种关系产生新的价值的一种关系。这才是真正符合我们对人脉定义的社交资源。同时这一部分也是变动比较大的，双方行业和职位的变动都会对这种关系造成影响。我们每年的10/20/150计划，所要改变的就是这20人+150人，因为每一年我们都需要给自己设定一个小目标。我们需要围绕这个小目标重新锁定这20人+150人的具体人选。值得注意的是，150人在优先级次序上落后于20人，以保证自己的时间和精力花在更有助于目标实现的关系上，这是高效人脉的必要保证。比如我今天的目标是要学习演讲能力，弥补我在输出能力上的短板，那么今年你要连接的对象跟去年就会有所不同，因为去年所要提升的是你的专业技能。这就是我要分享给你的进行人脉资源管理的重要工具10/20/150法则。

有两个问题需要说明，首先，10、20和150，都不是准确的数字，千万不要被这个数字所限制。它们都不是具体的数字，而是代表了这个有效社交关系上限中的三个不同构成部分：超强联系的血缘关系、以年度目标为主要纽带的强关系和以人品、价值为纽带的弱关系。至于这个数字是多少，其实不用太在意。如果你没有那么多的亲友等强关系者，也完全没有必要非得凑到这个数字。甚至这个10/20/150也不是不可变动的数字，如果你天生就是一个维持关系的高手，可以轻松自如地跟180人保持相对比较频繁的线上线下的互动而不影响工作和生活，那也没什么不可以。反之，如果你只跟特定数量的人保持这样的关系就已经觉得很累了，那就不妨适当降低你的关系上限。数值不过是一个平均值，以每个人的具体情况为准，这才是我们该有的态度。顺便提一下，如果从人脉资源变现的价值角度来衡量，弱关系中产生的有价值的连接比前两种还要多。所以，我们进行人脉关系管理的核心就是要加强对弱关系的开发和应用。

其次，这个10/20/150上限说的是我们能够经常进行互动的关系上限，而不是所有关系的上限，不信你们看看自己的通信录，包括手机号、微信、QQ，我相信绝大多数人通信录里的联系人都会超过这个数字，这些从社交关系联系强弱上来说虽然属于超弱的关系，但也不是说就不联系。尤其是我们上面提到过的，我们每年都需要根据自己的年度目标重新做10/20/150计划，那些被移出这个计划的人难道从此就不联系了吗？这也是不可能的，当然还是要保持联系，因为这些人随时还有重返计划的可能。只是在某一阶段你们之间的互动相对要少一些而已。那要少到什么程度呢？就是仅在一些特定的日子里，做出必要的问候和简单的沟通，比如节日、生日或对这个人比较重要的日子等。

怎么记住这些呢？这就是我要分享给你的对人脉资源进行盘点的方法，还是应用上面提到的10/20/150法则。把关系自动分成四个部分，分别是亲情关系圈、朋友关系圈、以目标为导向关系圈以及150弱关系圈和超弱关系圈。然后进行分类整理，全部加上不同的标签和备注。原则就是越是联系亲密的关系，标签和备注就越简单。直系的亲属有时候根本就不需要备注，因为他们的一切都在心里。朋友圈里需要备注的是他的生日，甚至是他们父母和孩子的生日。记得这些总能成为你们关系的加分项。至于其他的关系，你需要添加的备注信息就比较多了，除了对方的名字之外，行业、公司、职位，这些都是硬性的标准。当你看到一个人的时候，你得知道他能帮你解决什么问题，你要知道怎么称呼他，了解他的爱好和需求，这些都是备注里应该有的信息。如此，你的人脉资源的盘点和管理就非常到位了。最后再提一句，150 这个邓巴数字还有一层意思就是，我们一定要意识到我们认识一个新的朋友，也就意味着我们连接了他的 150 个有效社交资源。这是我们进一步拓展社交资源的重要方向。

03 第三节 增强人脉黏度需要发现自己被需要的点

从受欢迎到被需要是我在人脉经营上最核心的观点，不是说受欢迎不重要，只是这样还不够，我们需要的是一种不仅舒适还极具价值且健康稳定的人脉关系。所以我们的目标是做一个又受欢迎又被需要的人，并跟特定人群结成高效的人脉关系。

可是总有一些人对于这一点持保留态度，持这种观点的人并不是觉得这种逻辑有什么问题，主要是认为跟自己的实际情况不符。这些人都是一些刚刚走上社会不久，所谓的没学历、没背景、没有过硬的专业技能的“三无”青年。他们觉得这事儿说得没错，但跟自己没啥关系。他们始终坚信一点，我们所说的变现就像等价交换一样，而价值就是自己手里的筹码，但是作为新人他们两手空空，根本就没有筹码。既然没有筹码，那这事儿可不就跟自己没关系了吗？

这样的人一般都是这样表达自己的观点的：

“萌姐，我觉得这一点你讲得真的太棒了。人要想获得更多的帮助，可不就得成为一个有用的人吗？一个人没有价值，就算是有人愿意帮你那多半也是给面子罢了。我不是不想成为你说的那种有价值的人，只是我觉得有些不太现实。不要说别人，就连我自己都不知道我的价值在哪里。这还怎么指望自己被别人需要呢？”

其实，这样的话我原来就听过不少，所以在《从受欢迎到被需要》这本书中，我提出一个概念叫无差别资源。

什么叫无差别资源？就是有些事你去做跟他去做从结果上来看是没有什么差别的，那么，做这件事情所需要消耗的时间和精力成本就叫无差别资源。就算你感觉自己确实没有什么价值，但这种无差别资源你肯定是有的，而且很有可能比其他人还要多。那么跟你所要结识的那个人相比，由你去完成这件事成本会低不少。

这其实特别奇妙，你帮他来做这件事的时候，就等于用你的无差别资源把他的无差别资源给置换出来了。这样的结果是什么呢？站在他的角度来看，他用比较低的成本完成了这件事，对他来说应该是一种优先选择。站在你的角度来讲，对方用你帮他置换出来的时间和精力去完成了具有更高价值的事情，是不是也就意味着你的这部分时间和精力价值也提高了很多呢？就是这么个道理。

所以，当觉得自己没什么价值的时候一定要记住，你还有很多能够产生很大价值的无差别资源，不过要想让自己的无差别资源产生更高的价值，你需要做的就是放低自己的姿态。

发现自己的价值这是一个非常不错的方法，但是我要告诉你的是，这是一个到万不得已时才会用上的方法，大多时候你不太可能用得上。我接触过很多有这种困扰的新人，但是最后真正用到这个方法的人少之又少。因为他们都发现了自己身上独特的价值，负责任地说我们每个人都是宝藏男孩（女孩），只不过我们没有发现而已。

为什么明明自己身上有宝藏还发现不了呢？这跟我们的思维方式有关。当我们想要结交一个人的时候，我们会习惯性地盯着他身上的优点。他拥有哪方面的特长或资源，我们的目光就会紧紧地盯着那里，因为那就是最能吸引我们的地方，自然就会形成聚焦效应。然后我们还会习惯性地用对方的优点跟我们的短板进行比较。

按照这样的比较逻辑，得到的结果一定是自己比对方差很多。一旦自己认同了这样的结果，马上就会激发认知心理中的晕轮效应，而晕轮效应的影响就是会把这种感觉从一个点变成一个面。原来可能只是觉得自己的某种技能不如别人厉害，经过晕轮效应由点到面的影响之后就会觉得自己整个人都变得差了好多。

这就是新人在经营人脉的时候，面对别人总是底气不足的原因。这时候我们的心里就像是起了雾，感觉自己哪一点都不行，这种心态下是很难对自己有一个客观判断的，更不要说发现自己身上的价值了。

我要提醒大家的是，当你觉得自己什么都没有的时候，很有可能只是你觉得，实际上并不是这样。

那么如何才能避免陷入这种主观认知的误区呢？比较好的一个办法就是转移你的目光。让自己的目光从他的优点上面移开，转移到他不足的地方。我相信这个世界上有两种人是永远不可能存在的，一种是一无是处的人，另一种就是完美无缺的人。

所以，你只要愿意把目光从他的优点上移开，就能够发现他身上的不足。记住这样做的目标有两个：首先，可以避免强化对方的优势给自己带来认知上由点到面的负面影响；其次，我们可以借此发现对方的需求，而不是为了告诉自己，他也没什么了不起的，这是一种对立的心态，绝不可取。

而在这个过程中发现对方的需求所在，是一种共赢思维，这背后运用的依然是我在前面提到了好多次的利他思维。在这里我再次强调：**人脉的本质就是价值变现，而变现的基本逻辑就是利他思维。**如果谁的变现过程中缺少了利他思维，就会变成自私，这样是不可能建立健康的人脉关系的。

其实这就是发现自己价值的另外一个特别重要的方法。

这个方法有两个步骤：第一，要看破对方的无所不能和自己的一无所有；第二，用利他思维发现对方的需求，然后反观自身，看看哪些是自己所具备并能为对方做到的。如果这个问题你不能解决，那不妨想想谁能解决，把能解决问题的人介绍给对方，也是一种能力。我们不妨试着按照这两个步骤重新审视自己，你就能发现一个全新的自己。我们来讲个故事：

这个姑娘我们叫她小张，小张那时候刚大学毕业，跟她一起毕业的同学在找工作的时候都偏向坐办公室的工作。但是她不一样，她的家庭条件不是很好，需要她一毕业就能有一份相对可观的收入来补贴家里。她学的是英语专业，语言类学生要想坐在办公室，待遇都不是特别理想。她一咬牙就进了一家房地产销售公司。

几年前正是房价暴涨的时候，一个基层的销售人员收入并不比其他行业的中层管理者少。可是进了公司之后，小张才真的体会到前辈们所说的“三高”的真正含义：高收入、高压力、高流动性。他们的收入虽然高，但都是靠佣金挣出来的。所谓的底薪，基本上是象征性的。因为需要经常带着客户四处看房，公司来不及派车的时候就得自己贴钱打车。再加上招待客户的餐饮费用，如果没有业绩，真的就得倒贴。虽然公司也会安排老人带新人，但是谁都知道把新人带得再好都不如自己多卖一套房的道理。所以，作为刚入门的新人，小张带着对高工资的强烈愿望，一连倒贴了两个月。

两个月之后小张已经到了承受的极限，下个月再不签单的话，不要说公司不会留她，就是再向家里伸手要钱，她都过不去这个坎儿。而负责带她的刘姐这几个月的业绩在公司都是数一数二的，小张有心想要改善跟刘姐的关系，好让她在关键时刻帮帮自己，但是想来想去都想不到什么好的办法。想给人家送点东西，但自己目前的情况也拿不出什么像样的礼物。帮人家个忙？刘姐一天到晚确实忙得不可开交，但也都是自己插不上手的事，感觉一动手就有捣乱的嫌疑。那么这件事后来怎么样了呢？到了第三个月，小张在刘姐的帮助下顺利签单，从那以后刘姐对她几乎是言传身教，一直把她带成公司顶尖级销售。直到 2019 年，地产行业受到大环境的影响，房产销售越来越不好做，而这时候小张已经小有积蓄了。靠着这些积蓄，她迅速转型成为一名青创客。这中间的转机就是她的英语优势，大学里她学的是英语专业，而且成绩优异，而刘姐最大的心病，就是自己马上就要升高三的儿子英语成绩不理想。这样一来，原来在工作中派不上什么用场的技能就变得非常有价值。至于这中间的过程，相信大家也不难想到。

当小张跟我说起她的故事时，我也忍不住为她点赞。这就是我分享给新人的发现自己价值的两个方法，能帮助你在自己专业技能尚不过硬的时候，顺利结识一些比较厉害的大咖。但是需要注意的是，我分享给你的这两个方法只是用来应急的，我们需要在最短的时间内提升自己的核心价值。这样的方法新人用一下大家都能接受，但是过了新人期还是这样，就会被贴上无能的标签，那情况可就不妙了。

04 信任，只有靠谱的提供者才能被需要

第四节

问大家一个问题，你觉得人际交往中什么样的人最难得？

是学历高的人吗？那你是在用传统的眼光对人进行分类，他们把学历作为区分精英和草根的标准。2020 年 1 月的时候，我应邀参加一个中国教育培训界的活动，去分享“学会的最高标准是会教”这套学习系统。分享之后大家得出一个基本的判断，在接下来的几年中，这套学习方法很有可能会改变教育培训行业的讲课方式。很多时候，教育培训行业最为人所诟病的地方就是课上啥都听懂了，课后什么都不会做，就会反过来说你这讲的全部都是鸡汤。在这个讨论的过程中，有个前辈在发言的时候说：“张萌，你们这些做草根教育的跟我们做精英教育的还是有不一样的地方。”他所奉行

的就是"唯学历论"，在他的认知里学历高的就是精英，学历不够的就是草根。我对他的回答是："如果从他们听课时候的状态来说，你觉得 MBA 学历就是精英，从听课结果上来看，我觉得真正改变了自己人生的人，才算是真正的精英。"因此，我们的观点刚好相反。

最难得的人是能坚持奋斗并能用自我智慧去努力的人吗？这样的人确实属于少数派，但是这样的回答显然没有认真审题。能够坚持聪明地努力，多半是能够有所成就的，这对自己来说确实是一件好事儿，也非常难得。但是，这个问题其实是站在人际交往的角度提问的。如果是站在这个角度，对于这样的人你可能会钦佩、会欣赏、会觉得他很优秀。但是，这依然不是最难得的人，因为你不一定敢把自己的事情交给他来办。

厚道且热心的人是最难得的吗？的确，厚道的热心人能成为不错的朋友，但是却一不定是你人际关系中难得的那个人。他们确实对人热心，但有时候也会因为这份热心让你很烦心。你们可能在情感上很融洽，但是他却无法成为你的助力者。

那么，到底什么样的人才是人际交往中最难得的人呢？答案就是：**靠谱的人在人际交往中最难得。**可是，"靠谱"这个词也太抽象了，我们好像很难领会到它的精髓要义。那让我们继续问下去，什么样的人才是靠谱的人呢？这是一个不太好回答的问题，我们很难完整地描绘出一个靠谱的人到底应该是什么样子的，但是我们都知道不靠谱的人是什么样的，我们先来盘点一下不靠谱的人身上那些靠不住的特征。

1. 最不靠谱莫过于不诚信

古人都说，人无信不立。缺乏诚信的人在这个社会上是无法立足的。哪怕他是很厉害的人，能力很出众。我讲人脉的时候一直在强调价值的重要性，但是这个价值是要建立在诚信之上的。没有诚信作为基础，价值也就没有了根基。绝对不会有人敢放心地跟这样的人建立联系。如果说能力不出众，价值感不强的人算是人脉洼地的话，那缺乏诚信的人就是人脉关系中的坑，没有谁敢冒险踩进去。

2. 不懂拒绝的人不靠谱

有一类人是不懂拒绝的老好人，很多人都会觉得这样的人很好。不招灾不惹事，对谁都乐呵呵，总是一副热心肠，这样的人不好吗？实话实说，这样的人真的不好。老好人最大的问题在于从来不懂得拒绝，毫无底线地取悦他人是他的一种心理需求，这是一种病态。不懂得拒绝的坏处首先在于对自己不负责任，总是会因为其他一些不太相干的事情严重影响到自己的工作和生活。同时，这种不懂拒绝对别人来说也是一种伤害，为什么不拒绝还会伤害到别人呢？因为不懂得拒绝就经常会答应别人一些远远超出自己能力的事。这样的结果就是，不仅自己被弄得焦头烂额，最后也会让对方有苦难言，人家已经竭尽全力去帮你了，事情虽没办法解决，但是人家为此也付出了很多，要表示一下吧，觉得心里不痛快，可是不表示一下，自己都觉得别扭。所以，当一个人总是想都不想就说“行行行”“好好好”“没问题，没问题”的时候，你一定要小心了。这很可能是要出问题的，而且还是让人进退两难的大问题。

3. 经常失联的人最吓人

经常性失联是一种习惯，跟能力和人品没啥关系，但是这样的习惯确实很吓人。有时候就算是事情办成了，而且办得很圆满，过程却依然非常煎熬，你每次拜托他点什么事情都感觉是在押宝，不到最后一刻他不会跟你联系。他们经常从答应你的那一刻起就失联了，这中间你可能有好几次想问问他事情的进展，如果情况不妙你也好开启备用方案。你发了信息过去就是没有回复，怎么办？再追着问好像不信任人家似的，不礼貌，但是不问吧，心里又没底，是不是遇到什么困难了？要不要再找别人帮忙呢？可是情况不明就另找人帮忙，这有点说不过去。你该知道这个过程是有多么煎熬了吧？如果到最后他跟你说：“放心吧，我心里有谱。早就给你办好了。”你算是虚惊一场，好歹事情是办成了。可是如果他跟你说：“直到最后一刻我都在努力想办法，可还是无能为力。见谅吧。”

你会不会觉得很崩溃？见谅？已经完全没有机会了，对不对？所以，这样的人不论对方资历和能力如何，我都会非常坚决地说“拜拜”。

4. 找不到边界的人最麻烦

我们前面讲过边界思维，这个边界思维不仅在做事的时候很重要，在人际交往过程中同样很重要，一个靠谱的人一定有着清晰的边界思维。那些不靠谱的人缺乏边界意识，主要体现在两个方面：一是对于关系的边界没有意识，二就是对自己能力的边界没有清晰的认识。对关系的边界没有认识就会瞎热心，不管什么事儿，该不该管的他都要管，不管自己能不能做到，总是习惯性地大包大揽。其实有些事人家是没准备要请你帮忙的，人家可能会有好的人选，再就是也许人家觉得这事儿你不一定能办得好。但是没有边界思维的人是看不到这些的，就连对方委婉的拒绝都不一定能听得懂，还可能会说：“跟我客气什么呀？是不是不相信我？相信我你就交给我来办好了。”这样的结果是什么？我们经常说的好心办坏事儿，很大概率就是发生在他们身上。

5. 只图高兴，不图回报也不行

真的有人跟我说过：“萌姐，做朋友可真够难的。不图回报那得是多好的人呀？这样的人我情愿身边再多一打。”但我真的想说，这样的人不靠谱也是个大概率事件。知道为什么吗？首先，他做事图的是个高兴，心情好这事儿就能办得好点，心情不好的时候那就另说了。其次，就是因为什么都不图，只图自己开心，这件事失控的可能性是很大的，尽力不尽力，随意。办不办得好，随意。中间心情不好，不想办了，也只能随意。因为你完全没有成本，你就失去了说话的权利。我经常说的一句话是：从事情的结果上来看，古道热肠的性情中人远不如具有契约精神的人靠谱。当我有事情需要别人去做时，我肯定会说："我能为你做点什么？"或我直接告诉他我能为他做点什么。什么都不用，那不行。我不想让这件事失控。当然，我们说的是一般性的处事规律，也有一些人把说过的话看得比什么都重，这样的人，你需要在另外的事情上给予适当的回报。我们要说的是，当别人一再强调要为你做点什么的时候，那就让他做点什么吧。这样他会更加相信你愿意把这件事办好的诚意，不然他会觉得这事儿不靠谱。

归纳了不靠谱的人身上具备的几个特点，什么样的人才靠谱，这个问题基本上也就回答完了。我们来做一下总结：

1. 诚信第一。 说到必须做到。

2. 懂得拒绝。 做不好的事情不如不做，如有必要把能做好事情的人介绍给他。

3. 主动反馈。 让对方随时了解事情的进展，没有问题也要告知，有问题更要提前告知，好让别人有所准备。

4. 守住边界，热心而不冒失。 如怕别人不好意思开口，帮忙之前务必询问对方的意见。

5. 不主动索要回报，但不要拒绝对方给出的回报。 适当的回报既是对自己的约束，也是给对方一个定心丸，同时也不至于伤害对方的尊严。

上面的五条铁律，请务必牢记。它们能帮你从诸多有价值且有利他精神的人中脱颖而出，周围有价值的人很多，有利他精神的人也不少，但是同时还靠谱的人真的很难得。

05 第五节 发挥影响的力量，让跟随者成为贵人

有次在上课的间隙，我让学员们走到台上做自我展示，我坐在台下短暂地休息。然后就听见一个姑娘跟身边的朋友说之前离职的事情，她说从离开公司的那一刻起，她就跟这个地方的人和事儿没有任何关系了。

她下楼的第一件事就是从公司的群里退了出来，然后把公司同事的微信全部删掉，当然也包括领导的。这让我觉得很是惊讶，我不知道她之前在这家公司到底经历了什么，但是这种做法真的让我很难理解。

由于时间关系，我来不及过去了解更多的情况。但是我跟我的课程助理说，一定要问清楚到底是什么情况，并叮嘱她尽量要留下联系方式，如果条件允许我一定要跟她聊聊。

我想跟她聊聊，并不是说这件事她做得

对或不对。我向来不爱用对错或好坏来评价一个人或一件事，这不是一个成熟的人应有的思维方式。我想跟她聊聊是因为我觉得这种做事的方式可能会给她带来很大的麻烦，最起码会对她的人脉建设和经营带来一种毁灭性的影响。

既然我是在自己的课堂上听到了这件事，那我觉得我就有义务来预防这种情况的发生。这是一种带有建设性的利他思维，我要求别人这样做，同时也要求自己这样做。

这件事情不再多说，我们应该关注的重点是，为什么这样做会给自己带来麻烦？会造成什么样的麻烦？那得先问我们的人脉是怎么得来的，是经营来的对不对？

之前也有人脉是组织布局出来的说法，观点基本一致。那人脉又是怎么被经营出来的呢？无非就是两点，一是拓展，二是积累。

我们经常说的是某个人在某个领域深耕几十年，积累了非常深厚的人脉资源。其实，布局、经营根本就没有那么玄乎。一句话：结识新朋友，不忘老朋友。

要是做到了这两点，人脉经营这方面就不会太差。

但是这种离职就把所有同事都删掉的做法，又怎么可能做到积累呢？有这样清空人脉资源习惯的人，就算是有机会结识再多的人又能怎么样呢？反正过一段时间还是会被全部清理掉。

这就像是一个没有底的容器，装得再多都是徒劳。如果这样做的人没有任何人脉意识，还算是比较幸运的。因为原本就不期望什么，也就不在乎自己失去了什么，一切都以自己的好恶为中心，只要开心就好了。如果他有人脉意识，我们能想象到他会经历什么。

古希腊神话中的西西弗斯大家知道吧？就是那个因为触犯了众神而被罚推巨石上山的人，他每天都会用尽全力把巨石往山顶推，但是第二天醒来就会发现巨石又回到了山脚下。

所以，他就不得不每天做着这种重复的、毫无意义又永无休止的工作。为什么众神会用这么一个匪夷所思的方法来惩罚他？因为众神一直认为，再也找不到比这更加严厉的处罚了。

经常清空人脉存量的人，他们的体验并不比西西弗斯好多少，而且这种情况还是自己造成的，他可能比西西弗斯还要纠结一些。

可是，事情的真相恐怕比这还要糟糕。因为这种做法造成的影响不只是清空这么简单，你所删除的每一个人，他们都是有思想、有感情、有情绪的，当他发现被你删掉之后肯定不会觉得很舒服。

不管他们跟你的关系怎么样，也不管他们是不是喜欢你，被别人删掉都不是什么美好的体验。这种糟糕的体验还会带来连锁效应，那就是他们中的很大一部分人会变成你身边的墙，然后这些墙会连在一起形成一个 360 度无死角的网。这个网并不能够阻挡所有的人跟你建立关系，但是能阻碍你大部分的人际交往和人脉建设。

你每做一次这样的事就等于多给自己结了一张人脉过滤网，这对今后你的发展会有什么样的影响，不难想象。

可能还是有人会说，你不知道我经历的苦，就别轻易劝我大度。虽然我不知道这样做的人到底经历了什么，就像我们上面提到的那个姑娘，她可能确实遭遇了不太愉快的经历。

但是我觉得，这不至于让我们觉得这个公司连一个值得交往的人都没有。如果真的有这样的感觉，我的建议是反思一下自己。就像一个开车上路的人，当他发现所有的人都在逆行的时候，就要想想会不会自己才是那个逆行的人。

还有，我不赞同这种做法不是要劝谁大度，而是想说，我们必须认识到人际交往病毒式传播的规律，病毒式传播是之前社交媒体经常用到的一个名词。

在人际交往过程中，每段关系都会留痕，每一个有过交往的人，都会变成你的传播者。但是传播的信息有些是正面的，有些则是负面的。

你是一个什么样的人，你将来就会吸引什么样的人，这都是由这些传播者所传播的信息决定的。我把人际交往的这个属性叫影响力属性。**重视影响力属性的人，处一段关系就开一扇门，他的世界是开放的。而不重视影响力属性的人，凭自己的好恶，处一段关系建一堵墙，他的世界是封闭的。**

我真正要说的就是，不管你经历了什么，都没有道理无视影响力属性的存在，把自己关在一个完全封闭的世界里。要知道，被封闭起来的人是没有资格谈人脉的。

跟上面的这个姑娘形成鲜明对比的是，我遇到过一个曾经在业内知名公司供职的朋友。

因为我对这家公司比较熟悉，它也是我们的合作伙伴，所以就跟这位朋友聊得比较多。但是后来当我得知她早在几年前就已经离职时，还是颇感惊讶，她是个经营人脉的高手。

那时候我就隐约猜到了什么，我跟她说：“你们老总要向我推荐一个人。”她马上就笑眯眯地跟我说：“没错，萌姐，张总要推荐的那个人就是我。我只是想用我自己的方式来认识你。”我说：“你都离职好几年了，是因为需要推荐才跟张总联系的吗？”她说：“要是那样的话，张总是不会推荐我的，你了解张总。

事实上，我离职这些年跟公司的联系一直都没有断过。我跟公司很多人都保持着联系，我还经常到公司去看看，所以现在的一些新同事我们彼此也是比较熟的。”提到她走了之后才到公司里来的那些人，她用了“新同事”这个词。给人的感觉好像就是她依然还是公司的一分子。

这是一个经营人脉很厉害的人，她很懂得影响力属性的重要性。但是，你以为只有她这么做吗？根本不是，不光是优秀的个人，现在很多优秀的公司也都很重视这一点。

你知不知道有个程序叫离职面试？你知不知道有个地方叫前员工俱乐部？这些都是公司重视人际影响力属性下的产物。你有更好的发展或是公司给不了你想要的待遇，你要离职，没关系，走之前坐下来聊一聊，以后有什么规划？准备去哪家公司？有什么公司能够帮忙的？以后还有什么样的机会可以合作？离职之后也不会跟公司断了联系，而是在前员工俱乐部里继续跟公司保持着联系。

就像毕业之后的校友会那样，里面有很多之前毕业的前辈，当然现在他们都已经很厉害了。这个俱乐部会定期举办各种聚会，鼓励大家为公司推荐人才甚至还设有奖金，当然公司也会欢迎他们再回来。

除此之外，还会不断发布公司最新的发展信息，让他们对公司保持熟悉感。

现在几乎所有厉害的人和公司都在重视人际影响力属性，我们又有什么理由不把这件事做好呢？要想做好这件事，下面几点重要的人际交往原则，大家要牢记在心：

1. 充分重视每一个交往对象，打破只重视比自己厉害的人的陈旧思维。

2. 善待每一次不愉快的交往，做到君子断交，不出恶言。

3. “分手”不说再见。人可以走，但是茶不能凉。

4. 避免问题扩大化，实在无法交往、必须移除的人确实是有的，但是要避免累及无辜。

5. 重视每一个细节，我们都会把别人不太重视的细节作为判断的依据。别人对我们也是如此。

当然，这些只是我总结归纳的一些重要的交往原则，可能还有一些同样很重要的事我还没有提及。欢迎你们在践行的过程中随时补充。

06 第六节 跨层级人脉，相同的价值观才是真的自己人

说个比较有意思的事儿，那是在一次课间休息的时候，大家都知道我所谓的课间休息其实是不太可能真正处于休息状态的，我总会趁着这 10 分钟做点别的事情，只要这些事情不耽误我稍微坐一会儿、喝几口水就行。那次是讲高情商领导力，核心内容刚好就是咱们这一章讲的内容，如何应用价值锚点实现人脉资源的变现。然后，有一个小伙伴过来跟我说："萌姐，我能跟你说几句话吗？"我说："可以，但是你要给我留两分钟的时间让我重新进入状态。"

然后，她就问了我一个问题："萌姐，你说人脉的本质是价值吗？运用价值兑换来实现人脉资源的变现才是人脉高手应该做的事情，这没错吧？"

她的这个总结很不错，基本上就是我刚刚所讲的意思。我说："看来你听得很认真，总结得也很不错。你应该还有别的话要说吧？"

她就笑了，说："就没有人因为价值之外的原因去帮助另外一个人做事吗？"

听到她这么问，我非常开心，我知道她既然这么问，一定是因为她想了一些比较有价值的东西。这个东西让她有信心和勇气去质疑，这里我给大家一个建议：一定要给所有的质疑以足够的重视。一旦有质疑出现也就预示着这两种情况出现了：第一，你查缺补漏的机会来了，有人在帮你做这件事了；第二，你认识了一个特别有想法的人，现在就是他自我突破的关键，你只要点拨一下，他就会变得更加优秀，这比你直接告诉他效果要好得多。不管是哪种情况，你都需要给予对方足够的关注。

听她这么一说，我也马上兴奋起来，很开心地跟她说："你肯定想到什么了，对不对？你现在就告诉我，我很想听。"

记住，一定要以一种惊喜的兴奋状态鼓励对方把想到的事情说出来，你的消极或者过于严肃的态度都会让对方打消进一步表达的念头，接下来那些很有价值的事情也就不会发生了。在我的鼓励之下，她讲了一个故事。大概就是说她有一个同事，跟她一样在公司里都算是新人，但是这个女孩有一个特别厉害的场外指导，也就是背后智囊。这个人是这个女孩在做业务的时候遇到的一家大客户的中高层领导，特别厉害的一位大姐。每当这个女孩遇到问题的时候，这位大姐都愿意帮忙，但是她不会邀请这个女孩去她所在的公司，也不会在她老板面前帮她美言。完全就是一个场外指导，只帮她变得更优秀，不为她提供捷径。她们之间差着好几个层级，价值兑换的可能性并不高。所以，她作为局外人觉得很迷惑，她想知道这件事背后的逻辑是什么，因为这看起来并不像是我刚才所讲的价值锚点的作用。

她说完我就对她伸出了大拇指，我说："你能这么去思考现实中的问题，真的很棒，我为你点赞。你说的这种情况确实是存在的，而且绝不是个例。但这么好的问题，我不能把答案只告诉你一个人。"然后，我就在课上分享了一个比价值锚点还要高端的人脉变现的逻辑——价值观逻辑。

上述故事里的这种情况确实存在，我们叫提携后进，提携后进很多时候确实是不太考虑价值的，但是一定会考虑价值观。所有肯提携后进的人并不是提携所有的后进，他们一定是有所选择的。我们经常听到他们说这样的话：

"不错，这年轻人我比较欣赏。"

"这孩子跟我对脾气。"

"这年轻人跟我年轻的时候很像。"

一般能让对方说出这样的话的，多半就是他们要提携的对象。这里的"比较欣赏""对脾气""跟我年轻时很像"背后就是相同的价值观在起作用。下面画重点：**相同的价值观能够让人迅速变成同一类人，而同类人之间的相互助力是可以不太看重价值兑付的。所以，价值观是在价值锚点之外又一个特别重要的人脉变现利器。**

不过，这既然是个变现的逻辑，肯定还得有具体的方法对不对？我们现在就说说操作的方法。可是，要想把方法说清楚那得先把价值观说清楚，怎么准确表述什么是价值观？我问了很多人，也做了很多次的尝试，终于找到了**让价值观落地的表述方式，那就是“三支持和三反对”。**

以我为例，我的价值观是什么样的？用其他的表述方式可能比较费劲，也不太容易被理解，那我也用“三支持、三反对”来展示一下我的价值观。记得在 2019 年 6 月的时候，一个媒体朋友在做我的访问，中间提到过价值观的问题。为了便于在最短的时间里聊清楚，我跟她说：“我支持又忙又美的独立精神；反对平庸、自暴自弃的态度。

“支持奋斗人生，用双手去建设美好未来；反对拿来主义和享乐主义。

“支持过有规划的人生，用人生蓝图指引自己的方向；反对不思进取，没有人生蓝图和规划。”

通过这三个支持和三个反对，你们能够清楚地看到我的价值观。这样表述，很形象也很具体，不仅说的人讲述起来容易了很多，听的人理解起来也没那么难了。所以她听了之后说的第一句话就是："嗯，那我终于明白了为什么你身边的许多人都是这样的，你们又忙又美的女士都是这样的人。从他们的言行上来看，你们绝对是一类人，我可以理解为这是价值观的吸引力吗？"

对于她的总结我深表认同，价值观确实有着非同一般的吸引力。这种吸引力没有功利性，是跨越行业、层级和立场的，从来没有任何一种其他的吸引力能够做到这一点。你不是因为他对你有利，也不是因为他跟你做着一样的事情，同样也不是因为他跟你是一条战线上的。只要拥有相同的价值观，你们就会有惺惺相惜的感觉。而这种感觉在人脉资源中特别好，会让你觉得这人不错，是个人才，能做事，你出于本能就想帮他一把。

所以，用共同的价值观来拓宽人脉，根本不是困难的事。具体我们应该怎么做呢？

第一步，确立自己的价值观。

这个方法就是我们刚才提到过的三支持和三反对，如果你对自己的价值观不是很确定的话，就用这个方法来给自己做一个定位，问问自己最支持什么，最反对什么。有两点需要注意：

首先，这三个问题必须是你非常支持或非常反对的。不痛不痒的不行，只有这样你的价值观才足够明确。比如，支持高效工作，反对浪费时间。就是说，你看到别人浪费时间就心疼不已，感觉像是在犯罪。反之，如果你感觉浪费时间也没什么，那就不要这么说。

其次，这三支持和三反对，一定要作为三个完整的问题来表述。请参照上面的例子，一句话分成两部分，前面是所支持的，后面是反对的，这个核心必须统一。既不能拆开分作六句来说，也不能同一句中支持的和反对的不一致，这样才能通过三个点对你的价值观进行精准定位。

第二步，表达自己的价值观。

确立自己的价值观之后，就要敢于表达自己的价值观。就以三支持和三反对为蓝本，在不同的场合通过不同的形式，线上、线下全方位地明确表达自己的价值观。实践中用自己的行动来表达，聊天时用语言来表达，线上用文字来表达。就是要反复表达，以确定和巩固你的价值观。同时也是为了让具有相同价值观的人更好地发现你。需要注意的是，表达要因时因地制宜，不能为了表达而表达，更不能在不同价值观的人面前强行表达。

第三步，寻找具有相同价值观的人。

还是以三支持三反对作为定位价值观的基本模型，对他人的行动和言谈进行分析和归纳。通过细心观察找到跟自己有相同价值观的人，契合度越高，你们相互欣赏的机会就越大。不管当下是不是站在对立的立场上，或者你们之间的层级跨度有多大，他都能成为你的优秀人脉资源。

第四步，与相同价值观的人彼此印证。

找到具有相同价值观的人，就要想办法走近他。通过不断地互动相互印证你们相同的价值观，让他明确你跟他是同一类人。这个互动既可以是携手同做一件事，也可以是不同观点下的辩论，甚至是不同阵营下的竞争。只要相互认同了对方的价值观，你们就都是对方忠诚的助力者。

07 第七节 无所不能不现实，但是却可以站在枢纽的中心

可能是由于受到人脉价值锚点的影响，我发现身边的小伙伴们越来越热衷于埋头修炼硬本领，也就是提升自己在人脉网中的价值。这样做的同时，他们身上明显表现出一种对社交活跃分子的不屑，认为这样热衷于社交活动其实是一种不务正业，有那个时间为什么不能静下心来好好做自己的事呢？这就让我心里隐隐有些担忧，对于这些人，我通常会问他们几个问题：

你有多久没有发起过聚会了？

你最近一次发起聚会的情况是怎样的？

比预计能来的人多了还是少了？

有哪些预计能来却没来的人？

来的人中一共有多少种职业类型？

基本上就是这样一些问题，当然这只限于

没有固定主题的小聚，结婚或有其他固定主题的不算。因为我想了解他发起聚会的能力比原来变强还是变弱了。还会让他跟身边的人比较一下，看看别人发起聚会的情况跟自己发起的聚会有什么不一样的地方。

我为什么要这么做呢？不是说人脉的核心是价值吗？怎么还跟发起聚会的能力有关系呢？这个答案就是我要分享给你的人脉价值的另外一种解读。一提到价值，我们本能地就会想跟自己能力相关的价值，最常见的就是核心技能，觉得那才是自己的价值。其实核心技能只不过是价值最常见的一种而已。从人脉中的价值锚点出发，价值的解读可以分为两种，一种是我们一直在强调的自己的专业技能优势，又被称为内行。作为内行，你的专业技能就是你的价值。还有一种价值是作为超级连接者的价值。

共享式传播

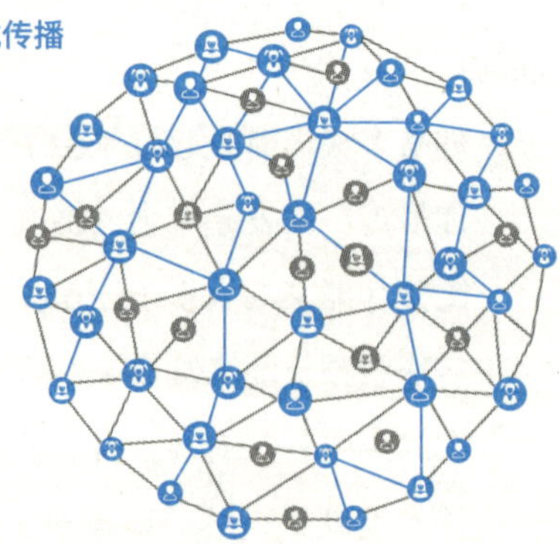

什么是超级连接者？我们都知道现在是网状社交时代，人际交往的关系就像是一张纵横交错的网。但是这张网的形状跟我们经常见到的网是不一样的，它不像蜘蛛网和渔网那样有规则。蜘蛛网每条纵向的丝线上面搭的横向丝线的数量基本上都是相同的。这就不存在超级连接者这样的概念了，因为每个连接点的连接数都是一样的。而我们的人际关系网则是像这张图上的网一样，它不规则，每个点的连接数是不一样的。在这张图里，每个人都是关系网中的一个连接点，有的人连接数很少，最少的只有两个。但是有的却很多，多的甚至有七八个。这些拥有七八个连接点的人，就是人际关系网中的超级连接者。超级连接者跟内行者一样，也是非常具有价值的人。他们的价值就是跟他们发生连接的人所拥有的各种资源。有些时候他们不能以直接帮对方解决问题的形式来体现自己的价值，但是可以把能够解决问题的人介绍给别人，或他可以以自己的名义直接把能解决问题的人请过来帮别人解决问题，这就是他们的价值体现。这种超级连接者的价值不比真正的内行人价值小，甚至很多时候超级连接者所体现出来的解决问题的能力比内行人还要强得多。因为人的时间和精力有限，不用成为很多领域的内行，也可以站在人脉枢纽的中心，以超级连接者的身份调动很多内行者资源。这就是为什么经常问他们发起聚会的情况，因为这在一定程度上反映了他成为超级连接者的潜力。

那么，我们怎么才能成为一个超级连接者呢？我们是不是必须在内行人和超级连接者中做出选择呢？我先回答后面这个问题，我们根本没有必要二选一，事实上也不可能只选其一，因为现实中很少有什么都不会的超级连接者。也就是说，首先你得是某一个领域的内行人，然后用你的核心价值去连接更多的人，你连接的人越多，行业经验越丰富，你成为超级连接者的可能性才会越大，这样你掌握的人脉资源也就越多。如果你什么都不掌握，没有任何的价值，很难会有那么多的人愿意跟你建立连接。这是成为超级连接者的内在逻辑，也是我一直在强调修炼自己的核心能力、提升自我价值的原因所在。那怎么才能从一个出色的内行人升级成为一个超级连接者呢？下面的四个步骤分享给大家：

1. 学会用圈层思维看待人际关系

现代的人际关系到底是什么样的？我们刚刚看到的那个网状结构难道不是正确的呈现方式吗？没错，从连接和传播角度来看这是关系形状的正确呈现方式。但是如果用圈层思维来看，就会给出不同的答案。首先，它也是一张网，但是这张网中的连接点不是一个个的人，而是一个个的圈层。什么是圈层，这是以专业属性为纽带而形成的社交圈。比如，程序员有程序员的圈子，设计师有设计师的圈子，律师有律师的圈子。这个圈子里面聚集了这个行业中大部分的精英力量，如果有什么专业性的问题，在圈子里面抛出来很容易就能得到解决。圈子里面的人可以轻松交流的很多问题，圈子外面的人很可能根本听不懂。同时圈子里面的大多数人都对圈子外面的事情不怎么感兴趣，所以对于圈子外面的问题他们也不一定能听得懂。这就是我们经常提到的另外一个概念：圈层壁垒。**要想成为超级连接者，我们必须接受两个新知：第一，社交是有圈子构成的；第二，不同的圈层之间存在着圈层壁垒。**我们还要理解两个名词：圈层和圈层壁垒。

2. 从内行人变成代言人

首先说一个现象，你所知道的每个行业的代言人，不一定是这个行业中最厉害的人，但他一定是这个行业的内行人中最会经营自己的人。我有一个师兄樊登老师，曾几次邀请我到樊登读书会做演讲，在那里我也认识了不少新朋友。樊登读书会现在做得非常棒，在不少城市都开了线下书店，就叫樊登书店。我们都知道樊登读书会是干什么的，就是为大家读书的呀。在很多人的眼里，樊登老师应该是最会读书的人了，因为他把读书做成了一个有凝聚力的产业，这很了不起。樊登老师并不是国内唯一做阅读这一行业的，但是他有很强 IP 属性，个人品牌做得很好，很容易被大家记住。在很多人眼里，樊登老师就是读书这件事的代言人。那我要说的是什么呢？作为一个内行人，你可能很难做到最厉害——这真的是太难了。但是你可以通过自我经营，成为你所在行业的代言人。如果把圈层比作一个城堡，那代言人则是这个城堡的守门人，钥匙掌握在他的手里。圈子外面的人，需要通过你才能调动你所在圈子的力量，而圈子里面的人则需要通过你来与圈子外面的人建立联系。这就是成为超级连接者的第二步。

3. 让价值观成为你圈层融合的神器

我又要提到价值观的重要性了，价值观真的非常神奇。相同的价值观能够让不同立场的人相互欣赏，从而变成彼此有效的人脉资源。它自然也能够帮你实现圈层融合的梦想，什么是圈层融合？就是打破圈层的壁垒，让你拥有调动其他圈层资源的能力。自己个人品牌做得好，成为某个行业的代言人，你能够成为一个圈层的守门人，让别人通过你去认识这个圈层。当你想让圈内的人了解另外一个圈层时，这是必不可少的环节，你就得在其他圈层里面寻找一个核心成员作为你在这个圈层里面的代言人。这个就要靠相同的价值观来帮你和另外圈层的核心成员之间建立互相欣赏的关系了。具体的方法，参考价值观应用的四个步骤就可以了。

4. 建立人脉生态圈

我们先来分享一个全新的人脉理念：人脉生态圈。什么是人脉生态圈？这是我在《从受欢迎到被需要》这本书里提出的全新的人脉理念。这个人脉生态圈该怎么理解呢？就像是生物领域的生态系统和生态圈的概念一样。我们把某个稳定的圈层看作一个稳定的生态系统，而人脉生态圈就相当于很多个生态系统合在一起所形成的生态圈。我们也可以结合上面的那张人际关系网络图，把里面作为连接点的人变成一个个的圈层，这张网就是我们所说的人脉生态圈。而这个人脉生态圈里圈层的性质越丰富，各个圈层之间的联系越紧密，它们通过连接产生的新价值就越大。这考验的是一个人的格局和思想的高度，你容得下多少圈层，就能构建多大的人脉生态圈。作为这个圈层的构建者，你作为超级连接者的价值就越大。

我们不太可能做到行行精通，成为每一个行业里面的内行人。但是我们却可以成为一个超级连接者，然后调动很多其他行业的内行人作为自己的人脉资源。怎么成为一个超级连接者，方法就是我刚刚分享给你的这些，希望它能成为你拓展人脉资源的强大助力。

06

CHAPTER

没有核心加速器，外挂开过头会怎么样

第六章

01 第一节 用问题倒逼学习，知识获取的减法智慧

有一个很开脑洞的设想很多人都听说过，如果把飞机的发动机安在拖拉机上会怎么样？虽然到现在为止还没有人真的去做这件事情，但是不难想象，一台拖拉机就是装上一个飞机的发动机，它也跑不出飞机的速度。不但速度不行，还很有可能把自己跑散架。当然，提出这个假设的人也不是真的要把飞机的发动机装到拖拉机上，而是想说明核心能力和助力系统之间的关系。自己的核心能力不过硬，过于强大的助力系统反而会是一种伤害。所以，我们通过上一章知道了怎么运用人脉获取强大的助力，现在就必须得回过头来再补充能量，让自己变得更厉害。

怎么才能让自己变得更厉害呢？根据第二章提到的意识改变行为的核心理念，首先要做

的就是自我学习了。关于学习的技巧，我们在第二章已经做了不少分享，但是还有一个最大的问题没能很好地得到解决，那就是解决知识焦虑的问题。

知识焦虑的问题已经被讨论好几年了，到现在似乎成了每一个奋进者的标配。但其实这个问题跟知识真的没有太大关系。我们不妨来看看知识焦虑的那些人在担心的都是什么问题，无非就是下面这些：

新知识越来越多，我什么时候才能学完呢？

很多比我优秀的人比我更努力，下一个被淘汰的会不会是我？

那些东西实在太难了，我学不会该怎么办？

那么多人都在学，我不学岂不是要落伍了？

这些看起来好像都是跟知识有关的问题，但事实上只是心态的问题。想想“剁手”购物时的心态，那些买到停不下来的“剁手党”，他们在忍不住要购买东西时的心态也是这样的：

销量那么大，再不下手肯定来不及了。

别人都有了，就我没有，那我也太不时尚了吧？

虽然暂时用不着，但我还是拿下吧，以后总是会用上的。

新款越来越多，我要买不起了怎么办？好纠结。

没错，很多人的知识焦虑其实就像购物一样，只是一种上瘾症。因为我们生活的当下是一个充满变化的时代，种种变化多到让我们感觉时刻都行走在失控的边缘。出于本能，必须得做点什么才能心安。而学习似乎就是一种能够让自己安心的方法，学习这个输入的过程会给我们带来更多安全感，这种正在变优秀的感觉也会让自己觉得对生活更有掌控感。可以这么说，每一个饱受知识焦虑煎熬的人，都可能是安全感严重缺失的人。他们是在本能的驱使下，下意识地学，但是学什么，为什么学，却很少思考，或者说根本来不及思考。

我遇到过很多这样的看起来非常好学的人，他们最乐意做的事情就是“扫书”和“扫课”。他们总是习惯性地盯着各种图书排行榜。凡是在榜单中比较靠前的、评价比较高的书，都会照单全收、统统拿下。包括这种线上和线下的课程，只要是口碑不错的也都会拿下。在刚开始的时候他们的感觉很不错，可是慢慢就会发现事情好像有些不对。花的钱越来越多，付出的时间和精力成本也越来越大，可是心里却越来越没底。这时候本能会告诉他们，也许再多一点就好了，拐点可能就在下一本书或者下一个课程当中。这样一个可怕的恶性循环就形成了，感觉不够多就会投入更多的成本，投入得越多就感觉越不够。到最后实在无能为力就会得出这样的结论，认为知识付费不过是一个陷阱，认为读书是没有用的。然后开始陷入了绝望，而绝望就会产生愤怒，看看现在有多少人在支持知识付费是阴谋论的观点，这其实是一种对自我不满的情绪转移，是一种本能驱使下的甩锅行为。

我想说的是，你觉得读书是没有用的，那可能因为你根本就没明白为什么要读书。你觉得知识付费是一个陷阱，其实是你不知道学到的知识该如何运用。在《论语别裁》中，南怀瑾先生写道，曾子每天用三件事情考查自己：

1. 为人谋而不忠乎？“忠”代表的是对事对人无不尽心的态度；

2. 与朋友交而不信乎？“信”代表言而有信，说过的话可以兑现，可以做到；

3. 传不习乎？意思是老师教我如何做人做事，有没有真正实践？

其中第三点，每日自我反省老师教的知识有没有运用到实践中，这是大多数人没有做到的。这个问题到底应该怎么解决？最可行的方法就是用问题倒逼学习。具体应该怎么用呢？不妨以我们的萌芽微创业作为切入点。

萌芽微创业就是前面我们提到过的 2020 年我们要做的一件大事，帮助微创业者顺利实现从 0 到 1 的创业计划，我们计划用 500 个人来影响和改变 50000 个人。这个计划拥有的吸引力可以有多大？在 2020 年跨年夜的时候，很多人都在放松、休息，准备跟着倒计时一起迎接新年，而来自全国各地的上千名学习者，他们还在通宵达旦地学习。凝聚力从何而来呢？用他们的话说就是：“这是有生以来最‘有用’的课程，没有之一。”对，有用才有吸引力。他们中很多人都是创业者，对于创业者来说不管是时间精力成本还是财务成本，珍贵程度都超出我们的想象。要想对他们产生这么大的吸引力靠的就是“有用”这两个字。那么，为什么会有这么多的人觉得有用呢？我们在做这件事的时候，遵循的就是用问题倒逼学习的原则。用问题倒逼学习，这样我们呈现出来的内容才会具有精准的指向性。这就像打靶一样，你只有正中靶心，一下说中他们心头最大的困扰，他们才会觉得有用。

当然，这个有用不只是一下就说中别人的心事，更重要的是能够帮助他们真正把问题解决。这一点我们收到的学员反馈是：不但收获了极具建设性的意见，就连他们曾经走过的弯路、犯过的错误都经常会被现场还原。做到这一点我们靠的还是问题倒逼学习。我们的青创客也包括我在内都有坚持复盘的习惯，复盘的内容是什么？就是各个阶段我们遇到的问题和在解决问题时采用的方法，以及每种方法起到的不同效果。最重要的是复盘时进行的优化和迭代以及迭代后的效果，自然也包括我们曾经踩过的坑和犯过的错，以及犯错的原因。500个青创客，这样的复盘方式是我们践行用问题倒逼学习这一法则的真实写照。他们所感受到的“有用”就是这么来的。

当然，这是作为内容提供者的我对问题倒逼学习的运用。那么作为一个学习者，该如何运用这个法则呢？这里面有两个关键：第一是认识问题的本质，第二是认清自己的能力。

问题跟问题是不一样的，所以知识跟知识也是不一样的。

知识大概分三种，一种能够帮你看清这个世界运行的内在规律，这类知识不需要精读，很多时候也不一定能读懂。最好的方法是听书，不是那种只能语音朗读的，而是专业人士的解读。比如樊登老师，他能够用特别短的篇幅把一个特别不好读但是又很重要的书给你讲明白，还能保证大多数人都听得懂。这类知识我们只要把基本观点听明白就够了，具体的事就交给相关的专业人士去做。还有一种知识能帮我们提升眼界和格局，这种知识通常需要我们以人为师，我每天的“萌姐六十秒”语音中就有每周立德人物（值得你学习的榜样），想要分享给你的就是这部分知识。还有第三种就是直接解决具体问题的知识，这类知识不仅要有人教，最好是有人陪，比如微创业学习。你只有认清了遇到的问题，才能找到准确的获取知识的方式。

以我们的萌芽微创业课程为例，我们能让他们觉得有用，就是因为我们不但找到了符合他们需要的内容，还找到了符合他们获取知识形式的方法。这个课程我们从知识内容上来说是属于第三类的，他要精准解决微创业从 0 到 1 的具体问题。所以我们除了讲之外，更加看重陪伴。这 500 个青创客的任务是什么？就是负责对这 50000 人进行陪伴和帮扶的，必要的时候甚至要手把手进行指导。萌芽微创业的小伙伴对这种陪伴式学习进行了总结，他们说这是“萌姐教、领教带、讲师帮”，要是再学不会、用不上的话，那就只能怪自己了。所以，作为学习者在学习这类知识时，一定要找到自己的陪伴者和帮扶者。

个人学习者运用问题倒逼学习这一方法的第二个关键是，认清自己的能力。因为有些方法虽然好，但不一定是自己能够掌握的，那就得静下心来，先从效率并没有那么好的方法学起。有时候稍微慢一点也比跌倒后从头再来更快一些。同样是萌芽微创业的课程，我们在课程设置上也需要遵循这一点，不要求所有的人都从同一个起点开始，这样才能让他们根据自己的实际情况选择更加适合的内容。

这一节我们以一边学习一边创业的萌芽微创业为案例，为你分享了用问题倒逼学习，为学习做减法的最高法则。用来解决所有奋进者共同的困扰：知识焦虑。希望能帮你在最短的时间通过高价值知识的获取让自己变得更厉害。

02 第二节 时间错觉的秘密：敏感度和颗粒度

不久前，有一个公司的小伙伴跟我说："萌姐，我们都知道你是一个时间观念特别强的人。这一点我们觉得你很棒。"

我知道他肯定还要说点别的，我就说："但是呢？你直接说'但是'吧。"

他就真的说："但是吧，萌姐，有些时候，对待我们的合作伙伴是不是能够变通一下呢？当然，我们肯定是能够做到这一点的，主要是怕合作伙伴说咱们不近人情。"他之所以这么说，是因为我对一个合作伙伴发了脾气，原因就是他迟到了两次。第一次我们是线上互动，时间是我们提前约定好的，结果他迟到了15分钟，我在会上特别提出了这件事。但是接下来有了第二次，理由肯定是有的。然后我就发了脾气，可能是因为我发脾气的时候不是很多，所以这事儿在这里其实已经过去了，但是在他那里可能还没有过去，他这是在“点”我呢。

他为什么要这么提醒我？因为他觉得对方迟到是有原因的。那我为什么还要发脾气？守时，是对他人最起码的尊重；不守时，对合作双方会造成时间上的损失。

对时间要有概念，这是我想要分享的重点。我们说尊重人的时间是对人最起码的尊重，但是有些人真的不是有意冒犯别人，而是他们对时间的感知出了问题，他连对自己的时间都做不到尊重。我们看看下面这几种情况：

有些人去见朋友会这样说：“如果您时间方便的话，我们明天安排个见面，我上午到您那里怎么样？”

但是有的人想去见某人，就会这么说：“我们明天见个面呗，我明天下午到。”

要是答应别人见面呢？有的人就会说：“你随时过来，我随时恭候，只要你来我就有时间。”

但是同样的事情有的人就会说：“下午三点到五点之间，如果你没什么安排，咱们可以好好聊聊。”

当然还有一种是这样的：“我中午要跟一个合作伙伴吃饭，下午两点需要做一场直播。一点到一点半之间我们可以简单聊一下。”

道理我们先不讲，就凭感觉来判断，你觉得上面哪种人对时间敏感？最后这种人安排时间的基本单位是最小的，也就是说他的时间颗粒度最小。有一个流传很久的说法是时间颗粒度越小的人，在特定范畴下他的成就就会越大。也就是说我们的时间颗粒度和成就之间是反比例的关系。时间颗粒度小的代表人物有两位。国内有一个人，他的时间颗粒度很小，以 15 分钟为单位，他就是王健林先生。国外也有一个人，他的时间颗粒度更小，他是比尔·盖茨先生。他们两个都是出了名的“不等人”，在约定好的时间里你没来，那我就先走了。这不需要做什么解释，因为这不是他们的性格决定的，而是他们的时间颗粒度所决定的，时间颗粒度要求他们必须走，而很小的时间颗粒度给他们带来的回报是相当可观的。因此，缩小自己的时间颗粒度，是我要分享给你的另外一个让自己变得厉害的硬本领。

那么，为什么时间颗粒度越小的人成就会越大呢？因为时间颗粒度小，说明你把时间安排得很清晰。我一天要做多少事情，先做什么后做什么，什么时间做什么样的事情，这件事给了多少时间预算，这些所有跟时间有关的问题自己心里都清清楚楚。所以，很多时间颗粒度小的人做事情的节奏都是按计划进行的。他们有一个日程安排表，就算没有这张表，他们也一定心里有数，不然小的时间颗粒度就是无效的。我想要强调的是，时间颗粒度是在实践中的时间安排的基本单位，只有计划肯定是不够的。

以我为例，我为什么不等那些迟到的人？不是不等，是等不起。我是一个创业者，同时管理数家公司，虽然不用事无巨细地件件事都过问，但是作为董事长，一些重要的决策我得考虑，一些重要的会议我必须参加。同时我还是一名老师，我每年都会开近百场的线下课程。我还是一名主播，每周二和周四我都会固定开直播。我还有很多线上的音频课程，线上的课程我必须按时录制。我是一名终身学习者，每天读书四至五个小时，一年读 300 本书是我从小就养成的习惯。我是一个分享的践行者，每天的 60 秒语音从不间断，我会分享每周的立德人物和每周六的图书推荐。我是一名运动爱好者，我练习泰拳的段位还不低。我还是青创客计划的发起者和负责人，同时我还有一些跟政府相关的工作，我还会经常带着青创客一起做慈善。

我说这么多就是为了向大家说明，想要兼顾这么多事情，我的时间需要安排得特别细，所以我的时间颗粒度非常小。我的时间要细化到什么程度，睡觉的时间我是要做好规划的，吃饭的时间我是要充分运用的，课间休息的 10 分钟也不能浪费。以吃饭为例，好多小伙伴都知道我吃饭很快，同样是午餐时间，别人吃饭聊天，玩玩手机，而我除了吃饭之外，还要见几个人沟通工作，或者录上一节音频课。我的很多音频课程都是在吃饭间隙完成录制的。所以我的时间颗粒度大概在 10 分钟，基本上 10 分钟我就得处理一件事情。这时候你说：“迟到了，萌姐你等我半小时。”怎么等？如果这半个小时用来等一个人，那也就意味着手头的事情都要往后顺延，所有与这件事相关的人，他们的时间也要重新被安排。这就像是多米诺骨牌一样，前面的一张倒下去，后面的都会无一幸免。大家现在明白了吧？等是不可能的。

把时间颗粒度规划到这么小，又不肯等人，那不会让自己很累吗，而且还会经常得罪人，这样未免太难了。我以过来人的身份跟你说，其实不难。如果说难，也是难在一开始。我们都知道习惯养成法则吧？至少需要 21 天才能初步养成一个习惯。所以一开始的这个 21 天是最难的，一定要对自己狠，没有这点狠劲儿做什么事都很难成功。第一个 21 天熬过去之后，第二个 21 天会好过一些，第三个 21 天就会好很多，再往后你就会形成比较稳定的习惯。觉得工作和生活就应该是这样的，而且到了这个时候，细化时间颗粒度这个行为的红利就到了，不光不会觉得难，还会觉得特别棒。对别人也是这样，一开始可能身边人会不适应，但是当他们明白你这么做的理由之后，有些人就会变成跟你一样的人，还有一些人他们因为不适应而跟你渐行渐远，再往后，抱有让你等他这种希望的人会越来越少，因为他们都了解你的时间颗粒度了。我现在基本上听不到这样的吐槽了，因为他们都知道我的时间颗粒度比较小，我从来不等人。但有一点值得注意，你自己要求别人守时，自己也要做到才可以。

怎么才能让自己的时间颗粒度变得小一些呢？下面是我总

结的一些心得，希望能够帮到大家：

1. 不要为了小而小

要把时间的颗粒度变小，你必须得真的有事情可做。如果整天闲得发慌，根本没有事情做，那你把时间分得那么细干什么？用更小的时间基本单位来玩游戏？追剧？或者是各种躺？完全没必要。这种情况下，你需要找到自己想要做的事情，请参考前面几章内容制订好自己的人生蓝图。

2. 狠一点很有必要

把时间颗粒度变小，首先得做好安排，其中的方法我在《人生效率手册》中具体讲过。但是不能仅仅是安排好这么简单。要想真正实践，不管是对自己还是对别人，都要狠一点。这是我们刚刚说过的。

3. 改变身边的人

要想走得更远，让更多的人同行是个不错的方法。让更多人共享你的好习惯，或者重新进入新圈子，比如大家的时间颗粒度都很小，你们相处起来就会很融洽。你们会成为彼此的助力者，可以成就彼此，因为你们都懂得尊重对方的时间。

4. 把细化时间颗粒度变成一种思维方式

这是一种什么样的思维方式？我们来做个实验：1 个小时

乘以 1 个小时会得到什么？如果你的时间颗粒度是 1 个小时，那么 1 小时乘以 1 小时，得到的还是 1 小时；如果你的时间颗粒度是 1 分钟，那么 60 分钟乘以 60 分钟，是 3600 分钟，也就是 60 个小时。当然，这并不是要讨论算术的问题，我是在说时间颗粒度所蕴藏的价值有多大。如果能把这种思维运用到其他领域，你还会有意想不到的收获。

以后千万不要再问“时间都去哪了”这样的问题了。通过分享你应该知道，那是因为我们的时间颗粒度太大，中间的缝隙太大，时间都从缝隙当中悄悄溜走了。明白了时间颗粒度的秘密之后，我们就能做一个对时间感觉更加精准的人，我们也必将获得时间红利。

03 第三节 四大原则 打造自己的执行力

怎么才能让自己变得更厉害？我们讲了要会学习，要细化自己的时间颗粒度，这两种能力都非常重要。但是只有这些是远远不够的，这一节我想要赋予你的另一个硬核能力是执行力。为什么执行力这么重要？因为没有执行力，所有的计划都只是空想。怎么才能提升自己的执行力呢？在回答这个问题之前，我想跟大家一起先弄明白执行力不强到底是哪里出了问题。找出了问题的根源其实就找到了解决问题的方向，这是我在面对问题时一贯的逻辑。很多时候如果你不让大家看清问题的本质，就算你把方法交付出去，对方也未必能够接得住。着急给出答案跟我们一贯重视的结果思维是不相符的。相对于尽快给出方法，我更看重方法给出去之后对方能不能接得住、用得上，能不能产生我们想要的效果。

那么，执行力低下是因为能力问题吗？有时候可能会有这方面的原因。但是我们经常会发现，那些做事效率低下的人一旦被堵进死胡同不得不做的时候，他们所展现出的能力会让我们刮目相看。但是如果你不逼他一下，他就永远达不到这种状态。所以就有了这句话，不逼自己一把，你永远都不知道自己有多优秀。我也经常会遇到这样的人，他们往往会找机会跟我说他的目标是什么，他最近要做什么事。我就跟他说："其实你可以不用这样的，你有了明确的目标后，自己去做就可以了呀。"他们说："不是这样的，萌姐。因为你是我的偶像，我特别在意你对我的看法和评价。如果我把这事儿跟你说了，我十有八九就能做成，因为怕你觉得我是个不靠谱的人。但是如果不跟你说，只有自己知道，那我很有可能不去做或半途而废了。"

这么看来，执行力低下好像不是能力的问题，更像是思维的问题。那么，影响执行力的关键问题到底是什么？为了更好地回答这个问题，我对那些执行力不是很强的人进行了长期的观察。最后总结出来影响执行力的"四个不"：不想干、不敢干、不屑于干、不会干。下面我一个个说：

不论什么事情，最怕的就是不想干，再简单的事情如果你不想去做，那也不可能干好。这类人可能知道哪些事情是自己应该做的，也知道这件事情的价值，但是这件事情跟自己的兴趣爱好相去甚远，他怎么都提不起兴趣。现实当中我们经常会看到这样的人，尤其是在职场当中。待遇好，也有可期的发展前景，在别人看来这可是打着灯笼难找的好工作。换成自己，哪怕是拼尽全力也会把这份工作做好，可当事人往往不这么想。在这么好的条件下，这样的人做事永远是一副提不起精神的样子。为什么？因为这份工作很有可能是别人给他安排好的，他自己并不喜欢也不想干，自然也就不可能干好。

再说第二个“不”，不敢干。为什么会不敢干？那肯定是害怕失败、怕干不好。那我再追问一句，为什么会害怕失败？原因有两种：一种是不确定，一是对这件事正确性的不确定，二是对自己能力的不确定。也就说是，对于这件事到底是不是对的，心里没底。对于自己到底能不能把这件事做好，心里也没底。这两种不确定都来自对自己的判断能力和做事能力的不信任，也就是不自信；另一种情况也会让自己裹足不前，不是因为对自己能力的不确定，而是因为自己想要的结果过于完美。这样的人往往具有完美主义人格，做什么事情都想要做到极致，做到无可挑剔。可是完美的事情是不存在的，所以刚准备要做，马上又觉得这样不行，不够完美，最后只能在不断地自我否定中废掉自己的执行力。不管是因为不自信还是想要做得过于完美，这样带着满脑子的问号和自我否定去做事，结局不外乎两种：要么就是永远都觉得还没准备好，觉得自己还可以想出更好的方案；要么就是心里满是负面的暗示，一旦过程中遇到问题，很容易就会因为自己之前的怀疑得到了印证而选择放弃。

第三个“不”，是不屑于干，这样的人总是玩世不恭，敷衍了事。不管遇到什么事情，说起来都头头是道，但是要把事情交给他来做，那恐怕就得落空了。因为他不仅自己不去做，还经常会对那些踏实做事的人评头论足。他们经常会说这些事情简直就是“小菜一碟”，可是从来没能给出一份漂亮的答卷，如果要问原因，他会说这种小事根本用不着花费太多精力，差不多就可以了。所以，他们要么就自己不做，还妨碍别人做；要么就是糊弄了事，所谓的“差不多”就是这类人所能给出的答案。但是他们并不觉得自己有什么问题，还常常以怀才不遇者自居。觉得没能做出什么成绩错的不是自己，而是社会，是公司、老板、同事，甚至是命运。他坚信如果能给他一个展示自己才华的机会，他早就出人头地了。之所以出现这样的情况，归根到底还是因为他们对于自己的能力和自身的定位没有一个清晰的认知。

最后的一个“不”，不会干。这个看起来好像没什么好说的，有些人就是能力不行。他们想把事情做好，也愿意付出努力，但是事与愿违，这也不是他们希望看到的。这么说好像没什么问题，但我是不相信这种观点的。有一个事实我们必须明白，很多人在面对一件新鲜事物的时候，都不具备当下就把事情做好的能力，这种把事情做好的能力是从试错、复盘、迭代中锤炼而来的。况且现在还有一个词叫“赋能”，什么叫赋能？就是你不能，但是我想办法让你能。所以说，“不会干”本身就是一个伪命题，真实情况是缺乏一个会干的理由。

好了，我们已经弄清楚了为什么的问题，现在我们来总结一下怎么做的问题。关于如何提升自己的执行力，下面几点分享给大家：

1. 坚持双模式发展

提高自己的执行力，我们首先要做的就是跟这个社会和解。怎么和解呢？就是把自己的兴趣爱好跟谋生方式合而为一，做自己喜欢做的事情。不是因为生存需要去做事，而是因为内在需求，这样的执行力完全可以做到自动自发的程度。但是实际上能够做到这一点的真不多，很多时候我们需要为生存妥协。那就坚持我们说过的双模式发展，在职业之外设计一套能够真正调动自己积极性的事业。至于怎么做，答案就在前面的内容中。

2. 采用压力负激励

什么是负激励？就是惩罚性的激励。对于那些因为不喜欢或者觉得可做可不做而影响了执行力的人来说，既然正向的激励起不到应有的作用，那就不妨运用负向激励给自己的执行力加油了。比如，我们前面说过的把自己的目标告诉我的小伙伴，他们就是在运用自己的负向激励，他们特别不希望我对他们做出负面的评价，所以他们把目标告诉我之后就会竭尽全力来完成。这就是负向激励的作用。

3. 接受不完美的一切

让自己变得更好是每个人都想做到的事，我写这本书的初衷也是为了让更多人能够因此遇到更好的自己，过自己真正想过的人生。我们一直在说的是“更好”这个词，从来没有说过完美，因为这个世界上没有什么事情是完美的。要想提升自己的执行力，就得甘心接受不完美。首先，从接受自己的不完美开始，再到接受不完美的事。这样才能摆脱完美主义的束缚，我们说，敢比会更重要，而“敢”要从接受不完美开始，允许自己犯错。虽然离目标还有一定的距离，但是我们之后还可以不断迭代升级，进而成为更好的自己。

4. 找到自己的赋能者

要明白没有谁是天生的高手，都是从菜鸟开始一步步走过来的。不会干不要紧，但是不能一直不会干，关键是要找到自己的赋能者。自己琢磨虽然能够做到慢慢蜕变，但是有人为你赋能，你就能走得更快。在这个时代，很多时候快就意味着赢。怎么才能找到自己的赋能者？最好的方法就是跟他一起做事。跟高手在同一个系统里一起做事，结成命运共同体。那么为你赋能就成了他的首要任务，因为只有让你“能”，他才可能“赢”。就像我跟青创客和萌芽微创业的小伙伴们，我们之间就是这种命运共同体的关系。我要赢就得先让他们能，我得为他们赋能。而青创客他们要想赢，就得做好领教的工作，为更多的萌芽的小伙伴们赋能。

04 第四节 精力波点图，打造专属精力观察神器

这一节的内容我还是从时间管理说起，关于时间管理，我们在前面已经通过时间颗粒度的概念进行了一些分享，为什么还要再次提起呢？那是因为关于时间管理，历来都有两种声音。支持的一方认为做好时间管理就可以万事大吉了，而且只要方法得当，时间也是很容易被管理的。但是反对的一方坚定地认为，时间从来就不可能被管理，谁的时间都是一样多，所谓的时间管理其实是个伪命题。现在这两种观点都拥有大量的支持者，那么我们又该怎么解释这个问题呢？时间到底能不能被管理呢？对于这个问题，我是不会选择站队的，这本身也不是个能够站队的问题。我想要说的是，凡是觉得需要站队的人，很有可能是误会了时间管理这个概念。

我们先来说说那些持否定观点的人吧，他们说时间是不可管理的，其实他们真正要表达的是，每个人每天都有 24 小时，你管理或不管理就是那么多时间，所以根本就没有必要管理，你再怎么规划也不能把别人的时间拿给自己用。而且时间管理本身也是需要耗费时间的，你列计划、规划时间、制订各种表格不都需要时间吗？你可发挥的时间反倒还少了。他们这种论断似乎也没有问题，对不对？

我们再来看看支持者的观点，他们推崇时间管理的效果。其实也不是说对时间进行管理之后你的时间就能比别人多，他们认为虽然时间的总量是一样的，但是我们可以通过合理规划提高时间的利用率。我的单位时间效率提高了，在相同的时间里我能做的事情就会比别人多很多，提高了时间的价值不就等于变相增加了时间的总量吗？这一点绝对是经过实践验证的：很多时间管理的高手，他们就是能用一年的时间获得其他人十年的收获。不管别人信与不信，距离就是这么拉开的。比如我们的下班加油站，有很多小伙伴就是靠这些跟别人拉开距离的。

那么，持反对观点的人是看不到这一点吗？坦白说他们是视而不见，这是由他们的立场所决定的。一旦认定时间不可被管理，他们就会选择性地看到能支持自己观点的现象，而本能地忽视那些跟自己观点相悖的现象。这是由我们的认知所决定的，一旦反对观点形成了，他们就会对那些受益者的经历视而不见，而对那些翻车的案例非常敏感。事实上，在时间管理这件事上，翻车的人的确比成功的案例多很多。很多人就像反对者所说的那样，进行时间管理之后，生活不但没有因为各种规划而井井有条，反而因为管理时间所耗费的时间变得更加混乱了。

现在应该能明白这些争执时间到底能不能被管理的人，他们的根本分歧到底是什么了吧？根本就不是时间多与少的问题，而是到底能不能通过高效率实现高价值的问题。我为什么一直强调高效管理而从来不说时间管理，原因就在于此。那么，高效管理与时间管理之间又存在一种什么样的关系呢？在我们的高效管理体系里，时间管理的概念也占有不小的比重。可以说，做到了时间管理，其实高效管理的工作起码已经对了一半。那剩下的另一半又是什么呢？这就是这一节我要分享给你的：精力管理。

时间管理的任务是安排好什么时间要做什么事，并且教会你一些在预计的时间内把事情做完的方法。比如如何保持专注，如何运用心流效应提高自己的创造力，这些都是值得推荐的方法，但是这些方法想要得以实施有一个基础是必不可少的，那就是自己的精力要能跟得上，因为在做时间规划时消耗的不仅仅是我们的时间，还有我们的精力。任何人的精力都是非常有限的，一旦精力耗尽了其他的事情也就无从谈起了。所以，我非常注重精力管理。熟悉我的人都知道我有一个外号叫“钢铁萌”，那是因为我的精力的确比很多人都要旺盛。我能够踩着七八厘米的细高跟鞋讲课，从早上八九点一直到深夜十二点。这中间除了半小时的吃饭时间和十分钟的学员自我展示时间，我一直都是站着的。不要问我为什么非要穿着高跟鞋站着讲课，我是又忙又美的倡导者和坚定的践行者。只要踩上高跟鞋，整个人瞬间挺拔起来，整个状态是高光下的我们必须具备的。平时休闲风、运动范儿都可以，但是高光下一定要展示出自己最好的一面。至于我为什么不坐下，这是对场下所有人的尊重，也是职业素养。

我能够成为“钢铁萌”，靠得可不是硬撑，硬撑这种事情我是不会做的，而且也不持久。我每天的行程安排都很满，不可能讲了三天课之后还得用几天的时间来恢复精力。我能做到这一点，源于我对精力的严格管理。比如锻炼，我是资深的泰拳练习者。我对自己的睡眠管理也很有要求，虽然我坚持了 20 年的早起，但是我从来没有亏过自己的睡眠时间，我每天睡得很早。我对饮食管理非常严格，有自己的营养配餐计划，这是非常专业的。记住，是营养配餐而不是减肥餐。因为工作量，我关心精力更胜过关心减肥。

我想教给你一个非常好用的观察自己精力状态的工具，只有清楚了解自己在每个时间段的精力状态，才能把最重要的事情安排在精力最旺盛的时间来做。你还得知道什么时候自己的精力处于低谷期，这时候千万不能让自己去处理特别耗费心神的工作，不然会精力耗尽而且工作也有可能被搞砸，你可以去处理一些比较轻松的工作，最好是能做一些自我精力恢复的事情，比如小睡一会儿，或冥想静坐。我现在想与你分享的是，能让你直观地看到自己的精力在一天内的变化情况的“精力波点图”。

了解自己的精力变化情况，这个精力波点图真的非常实用。但是不要指望我会把这个现成的精力波点图交付给你，如果我真的给了你一张现成的精力波点图，请相信你用起来效果一定不会太好。为什么呢？因为一个现成精力波点图必须用一个平均数据绘制，这是平均性的精力波动周期，而不是哪个人的。它是研究者根据大量数据分析得出的平均值，跟大部分人的情况基本相符，跟某些相对比较特殊的个体之间的差距就比较大了。所以，我们需要制作一个真正属于自己的精力波点图，这张图需要你自己绘制，而我只能告诉你绘制的方法。

首先，你需要绘制一个由纵、横两个坐标轴构成的坐标图，纵轴代表的是你的精力值，横轴则是时间轴。精力值的设置我的建议是最高值为 10，最低值为 0，**其中 0~3 为低精力区，4~6 为中精力区，7~10 为高精力区。横轴表示一天的时间即 24 小时，以小时为单位进行标示，可自行设置起点值。**每个人需要的睡觉时间不尽相同，横轴上的刻度也应该有所区别。

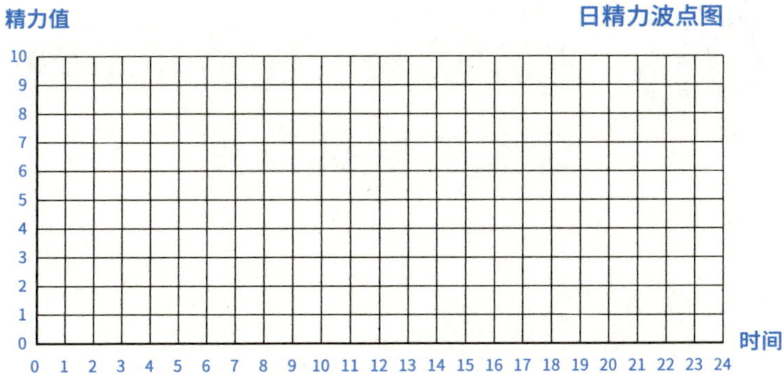

空白的日精力波点图，可自行填充

其次，在你清醒的时间内，以小时为单位对你的精力状态进行评估，然后结合横轴和纵轴标出坐标点。**比如每天早起评一个分，后一个时间点和前一个时间点对比再评分。一天所有点连起来就得到平滑的波形曲线。**这个精力波点图也叫日精力波点图。需要注意的是，最好是进行为期一周的观察和绘制，然后取均值绘制得出的才是最能反映真实情况的精力波点图。**如果你只测调，那么请避开生理周期。**

当然，为了了解每周的精力变化情况，我们可以绘制周精力波点图。为了了解某一段时间自己的精力状态是变好了还是变差了，我们还可以绘制月精力波点图。

05 第五节 三次进阶，完成新手到专家的快速蜕变

这一章的内容是让大家变得更加厉害，那到什么程度才算是厉害呢？成为一个行业内的专家？拥有专家级的水平？可是我们要怎么才能成为专家呢？大家应该听说过一万小时定律，这是美国畅销书作家马尔科姆·格拉德威尔在《异类》一书中指出的定律。他说："人们眼中的天才之所以卓越非凡，并非天资超人一等，而是付出了持续不断的努力。一万小时的锤炼是任何人从平凡变成世界级大师的必要条件。"他将此称为"一万小时定律"。不过这个说法还是显得有些抽象了，我们很难有一个准确的感知。于是我又对这一万个小时进行了换算，假设一个人每天工作 8 个小时，一个星期工作 5 天的话，他想达到专家级的水平，大概需要 5 年的时间。

可是问题来了，我们身边有很多这样在一个行业做了5年而且也足够勤奋努力的人，他们并没有成为专家。不仅如此，甚至有些人在一个行业内努力了大半辈子也照样没有成为专家，充其量也不过是个熟练人员的水平。这又是什么原因呢？难道是这个一万小时定律本身有什么问题吗，还是这只是他的一家之言，并不具有普遍性？其实不光是马尔科姆·格拉德威尔这么说，美国的另一位畅销书作家丹尼尔·科伊尔的《一万小时天才理论》也是以一万小时理论作为核心的。难道是他们两个都错了吗？还是我们的一万小时的努力和真正的专家之间还缺了什么东西？没错，那些努力了一万个小时，甚至更久还没有成为专家的人，他们确实缺了一些东西。在这里我可以很负责任地说，不是所有的一万个小时的努力都能让人从新手蜕变成专家，但是有的人真的可以通过一万个小时的努力成为所在领域的专家和大师。不然马尔科姆·格拉德威尔的这个理论又以何种依据提出的呢？作为心理学家，他花费了几十年的时间，对不同行业的顶尖专家进行研究和分析才得出这个理论，这当中有国际象棋大师、顶尖的小提琴师、运动明星、记忆高手、杰出的医生等。而我敢负责任地说，确实有很多人通过一万个小时的努力获得了巨大的改变。还有一个非常重要的原因，那就是我也是这个理论的切实受益者。

这个改变有多大？在实施这个计划之前，我刚刚考入北京师范大学英语专业，入学考试的时候在120个人当中我的成绩排在第 89 位，这个成绩怎么也不算优秀吧？可是当我实施完计划之后，我获得了专业一等奖学金和国家奖学金。之后获得全国英文演讲比赛冠军，参加国际会议，比如跟洛克菲勒家族的现掌门人沟通交流，在国外的活动上可以做到无障碍沟通。这虽然算不上专家水平，但是这中间的改变有多大应该也是可以看得到的。

入学那年的成绩给我的刺激很大，这跟我想象中的自己差太远了。从那一刻开始，我就暗下决心一定要彻底改变这种局面。“一千天小树林计划”制订以后我便按照计划开始行动起来，每天早上 5 点，当同宿舍的人都还在睡觉的时候我已经来到了校园里的一片小树林里念英语，一直持续到 8 点甚至 10 点钟，这样每一天我都比别人多出 3 到 5 个小时的英文学习时间。再加上专业课的时间，我每天都有将近 10 个小时在为我的目标而努力，而且没有周末和节假日。这样 3 年下来，等我拿到全学院各种奖学金和国家奖学金之后，我大概算了一下，差不多一万小时。

现在我们回到这个问题，为什么那么多各个行业的顶尖级人才他们都做到了？我算不上是什么顶尖级的人才，但是我的改变也是非常大的。而更多的人努力了一万个小时甚至更久，为什么依然没有变化呢？这成与不成之间到底差了什么？现在我来把这个谜底揭开：有的人经过一万个小时的努力成功逆袭，有的人经历了一万个小时甚至更长时间的努力却依旧一事无成，这之间差的就是刻意练习。刻意练习这件事做好了，一万个小时足够成功帮你逆袭。

什么是刻意练习？这是我从超级畅销书《刻意练习：如何从新手到大师》当中学到的人生精进法。我把它当作践行一万小时理论的不二法则，为了让更多的人顺利完成从新手到佼佼者的逆袭，出版社还专门请我解读这本书，于是我在喜马拉雅专门录制了《刻意练习：如何从新手到大师》的官方解读课。现在，我把其中的精华部分分享给大家。

我把安德斯·艾利克森刻意练习之旅总结为三个阶段，由低到高分别是天真练习阶段、有目标的练习阶段和刻意练习阶段。我们先来说说第一个阶段——天真练习阶段。什么是天真练习？就是出于本能的一种重复，没有太明确的目标，做事的标准也不变，就只是简单地反复去做一件事。我们经常听有些人说，这些事儿我已经做了很多年，现在闭着眼睛都能做，事实也正如他说的那样。但是，你要是让他做一些稍微难点的事情，那可算是难为他了。他的能力就只限于他每天都在做的事情，多一点、难一点他都做不了。这样的人在很多地方都有，很多单位都有这样的老员工。做事也算认真负责，也不偷懒耍滑，工作也完成得不错。但是很多年过去了，身边的同事换了一茬又一茬，很多比他年轻的同事都得到了提拔，他依然只是一个资深的老员工。也不是领导不愿意提拔他，而是实在找不到提拔的理由。因为他除了现在的工作之外，别的工作根本就做不好。所以，处于这个阶段的人，再怎么努力都很难有大的改变。

想让自己变得更加优秀，我们就必须突破天真练习这种最低级别的努力方式，进入有目标的练习阶段。这两个阶段的区别就在于有没有一个明确的目标，有了明确的努力方向，你的练习就算是有目标的练习，反之就只能算是天真练习了。不就是给自己一个目标吗？这听起来好像也没什么难的，可是我见过不少的人，他们做得并不好。有的人虽然也给自己设定了一个目标，但是这个目标对他来说没什么实际作用。还有的人虽然设定的目标看起来挺有用的，但是这目标就连他自己都觉得不太可能完成。为了让大家少走一些弯路，**关于目标的三个关键一定要做到：**

1. 目标要符合自己的人生蓝图

我们一直在强调人生蓝图，一直在强调要过有规划有准备的人生。所以，如果你要给自己定一个目标的话，那这个目标一定要符合你的人生蓝图。这样的目标对于你来说才算是真正有用的，你才会有足够的动力去完成它。今天一个目标向东，明天一个目标向西，不但不会让自己顺利进入到有目标的练习阶段，甚至就连天真练习都很难做得好。天真练习虽然不会有太大的进步，但是能够在一定程度上把一件事做到熟练。如果被毫无章法的目标扰乱，恐怕连这一点也做不到了。

2. 目标要有层次感

为什么目标要有层次感？就是说你的目标要有循序渐进的过程。这有两个好处，富有层次感的目标更容易被量化，这样目标会更加明确，也更加容易把握。比如，你树立了一个大目标，想要成为一名销售专家，这个目标够宏大，但是有些过于笼统而不好把握。你需要再做一些层次化设计，比如锻炼自己的临场反应能力、锻炼自己的口才表达能力、锻炼自己的微表情识别能力。然后再稍微分一个层次，设定目标，每天跟 10 个陌生人搭讪，这就非常容易把握了。这样还有一个好处就是能及时收到反馈。今天有没有做到？做得怎么样？反馈都是很及时的，而及时反馈对有目标的练习非常重要，没有了反馈也就失去了进一步改进的基础。

3. 保持专注时刻的注意力

做好了有目标的练习，还有一个很关键的事情要做好，那就是保持注意力的专注。只有保持高度的专注，才能在不断完成富有层次的目标和不断的反馈中达成最终目标。在时间高度碎片化的今天，做到这一点也不太容易。至于怎么做到这一点，我在《人生效率手册》中做过不少分享，这里就不再赘述了。

最后我们来说说刻意练习阶段，这个阶段我们应该做些什么呢？其实有目标的练习已经能够让我们实现快速精进的目标了。我们在刻意练习的最后一个阶段所要做的就是持续精进，而这么做的方法也非常简单，就是要不断强迫自己逃离舒适区。什么是舒适区？当一个目标已经达成，这些事情你已经做得得心应手，不再有任何压力的时候，这件事情就是你的舒适区。舒适区不是哪个固定的事情和领域，它是在不断变化的。刚解锁一个新技能的时候，这个技能就是你的精进区。当你越来越熟练，已经能熟练驾驭的时候那它就变成你新的舒适区了。你就得赶紧逃离，寻找新的精进区。这事儿说起来并不复杂，关键是要看你对自己够不够狠。我刚开始早起的时候，定的时间是早上 5 点，后来改成了 4 点半。再后来我每年都强迫自己把一件自己并不擅长的事情做好。比如我不太擅长与陌生人沟通，有社交恐惧症。2020 年新年时，我立了一个 Flag（要实现的目标）——张萌萌姐的朋友圈计划，我每天与一个粉丝打电话 10 分钟，并且要坚持做一年。直到我写作到这一章节的时候，我已经与几十位粉丝打过电话，帮他们解决问题。我这么做也是为了让自己不断逃离自己的舒适区，因为我也需要不断精进。

06

第六节

成长再次加速，将复盘进行到底

我们刚刚分享了如何帮你从新手到专家的快速蜕变方法，细心的人可能会发现这中间有一个环节我叙述得不是很详细。就是在说到目标要有层次感的时候，我说具有层次感的目标会有两个好处，一个是容易量化，方便我们在有效练习时准确把控。还有一个是能够保证练习结果的及时反馈，我还说这个及时反馈是我们获得快速提升的基础。在这里我还是要强调一下，想要下一次比上一次做得更好就需要保证及时的反馈，这是进一步提升的基础。可是我强调了及时反馈的重要性，却并没有告诉你可操作的方法，这显然不是我的风格。为了更好地帮助你解决这个问题，我准备把一个工具的使用方法教给你，但是这个工具实在是太重要了，我不能把它糅合在其他的内容中，这样做我怕有些人一不小心就错过了。这个工具我必须保证所有人都能准确把握并熟练运用，一直到成为你的一种习惯。哪怕前面的内容你都没来得及看，这个工具的运用我也希望能成为你做事时的好习惯，它可以脱离这本书的内容独立运用到工作和生活的方方面面。毫不夸张地说，这个工具用好了你完全有可能变得越来越好。所以，在这本书的最后一节我把这个工具分享给你。

这个特别重要的工具就是复盘，我经常说的一句话就是：只有学会复盘，人生才能翻盘。我和我的创客都把复盘当成一种习惯。我们会每日复盘，还会随时复盘，我们平时做完一件事情，达成一个目标之后各自都会进行复盘。然后我们每一周还会以小组为单位进行集体复盘，而在每一年年终时我们还会有上万人规模的“萌姐年终复盘线上大课”。既然它这么重要，那我们先来说说复盘到底是什么。“复盘”原是围棋术语，本来指的是在一盘棋下完之后重新在棋盘上把整个对弈的过程摆上一遍，为的就是看哪一步棋走得比较高明，哪一步棋是犯了错误的，然后再想想关键的那几步还有没有更高明的走法。对整个对弈过程进行还原，研讨和分析的过程就叫复盘。经常进行复盘的人棋技增长特别明显，然后这个方法就被运用到了其他的领域。复盘的概念先在管理领域被很多企业和组织所推崇，比如联想公司。联想人就有着复盘的习惯，而联想集团的创始人柳传志先生也是国内在管理领域倡导复盘的先行者。现在复盘已经成了管理领域当中一个常规性的方法，也正是这个原因让不少人觉得复盘是一件特别复杂、特别深奥的事情，只有大企业和组织才有进行复盘的必要。其实完全不是这样，复盘是没有个人与组织之分的。

为什么个人进行复盘很有必要呢？因为在任何一个组织中都会有相关的职能部门对其他的部门甚至部门中的个体表现进行观察和分析，还会给出指导建议。你这个地方做得好，组织就会以表扬或奖励的方式对你表示肯定。如果你有哪个地方做得不够好，自然也会有人提出批评，必要的时候还会进行处罚。这就是组织运行的规律，这当中的任何部门和部门当中的个体时刻都是被观察的对象。这时候复盘的作用是靠组织的制度来体现的。但是个人就不同了，尤其是小微创业者和自由职业者，如果自己不会复盘，那在小微创业这条赛道上无异于裸奔，因为我们个人所掌握的资源非常有限，我们对试错的承受能力也有限。如果等市场机制用它的方式为我们提出警示的话，很有可能我们已经没有纠正的机会了。可是，个人进行复盘真的可行吗？我的答案是肯定的，这个答案是被现实反复印证过的，因为复盘是我们一直都在做的事情。而让自己学会复盘，我们需要做的第一件事就是承认它对个人的必要性，并且你要真的去相信个人进行复盘的可行性。下面我们再来说如何进行个人复盘。

个人复盘应该怎么做？首先我们要从流程上进行学习，还得有一个相对固定的复盘模型，最后还得建立一个保证复盘结果能够应用到下次实践的闭环环节，我把这些叫作**复盘的三个认知**：

1. 复盘的三个步骤

怎么才能进行精准客观的自我复盘？首先得还原现场，怎么还原呢？等事情过后我们靠回忆进行复盘吗？不可否认，很多人都是这么做的。但是这并不是最好的方法，因为我们的记忆是有美化和甩锅功能的，通过回忆来还原事实会让我们觉得自己的表现比实际情况要好得多。对于过程当中出现的失误，在本能归因效应的影响下，我们也更加倾向于把失败的原因归于外界。建立在这个基础上的复盘，效果自然会失真。怎么解决？**首先建立客观的记录系统。**我们说过计划的重要性，这个计划也可以用在这里作为我们记录系统的蓝本。对照计划，把一些关键节点在计划上如实标注出来，这是我们进行复盘的第一个步骤。

第二个步骤自然就是进行复盘了。进行复盘我们需要的是复盘模型，以明确我们应该对哪些内容进行复盘。通过实践，我总结出两个必要的复盘模型，分别是学习复盘模型和行动复盘模型。学习不也是一个行为吗？为什么还要确立一个复盘模型呢？那是因为，学习是一种相对特殊的行为，它需要的模型跟其他的行为模型有很大的不同。只有掌握了这两种不同的复盘模式，才能保证所有的复盘都能够顺利地进行下去。至于具体是哪两种复盘模型，一会儿我们单独说。

第三个步骤，我们要保证复盘的结果能被运用到下次的实践当中，这是让复盘工作落地的关键环节。 如果不能把复盘的结果用以指导下一步的实践活动，那前面所有的努力就都成了作秀，对于个人能力的提升不会有一丁点的益处，反而会带来一些影响。我始终相信，从来就不存在无益无害的事情。一件事情如果不能带来利好，那就必然会带来损失，因为做任何事情都是需要成本的。可是这一点怎么保证呢？一个工具：“人生错题本”介绍给你，我们下面会单独讲到。

2. 两个复盘模型

上面我们讲述了复盘的三个关键步骤，现在我们来单独说说第二个步骤当中的两个复盘模型：学习复盘模型和行动复盘模型。

学习复盘模型又称为“复盘三步法”，其中，我们需要知道自己要对哪些内容进行分析和总结，根据运用问题倒逼学习的逻辑，我总结了**知识复盘需要回答的三个问题**。然后来反向设计学习复盘计划，这三个问题分别是：

通过学习收获了哪些新知？ 指的是过去不在你知识体系当中的那些知识，它有可能是你第一次听说的，也有可能是你原来就知道但是没有彻底弄清楚的知识。

通过学习改变了哪些旧有的认知？指的是因为偏见和认知不全等导致对某些知识存在偏见，现在通过一些新知识的学习做到了及时有效的纠正，更新自我认知后，产生的全新的观点和认知。

通过学习如何把这些新知运用到实践当中？我讲过“学习五环法”的最后一环是盈利即变现。变现其实就是新知在运用到实践当中后产生的结果，这个问题我们需要借助前面的相关内容来做出解答。需要补充一句，对学习进行复盘，我们不太可能运用行动计划来建立记录系统，但是这个问题却能用康奈尔笔记法有效解决，这也是我们在前面分享过的。

然后我们再来说说第二个复盘模型：行动复盘模型。同样的逻辑，**行动复盘也需要通过三个问题来回答**：

有哪些值得推广的方法？指的是在这个过程当中取得了不错效果的做法，看看这种做法还可以用来解决哪些问题。

有哪些需要反思的做法？就算是一件事情我们完成得还不错，也并不意味着这个过程当中我们的行为就无可挑剔。把这些已经造成损失或者可能造成损失的方法找出来进行分析和总结。

可以做出哪些改进？就是根据以上两个问题的结果，本着发挥优势、规避短板的原则做出具有针对性的改进方案。

3. 复盘的关键工具

为了保证行动复盘的顺利进行，同时也是为了保证复盘的结果能够更好地应用于实践当中，我们需要一个工具，它就是“人生错题本”。

“人生错题本”是我多年来做复盘的法宝，下面这张图就是错题本当中的案例内页，“人生错题本”当中的内容和使用的方法通过这张图可以一目了然。在这里需要再稍做强调的是，我们完全可以根据这个错题本的逻辑结合“灵感笔记”，用来收集我们在某一高光时刻灵光一闪时的神来之举，把这种灵感进行拆分，然后变成你的方法论。这样我们的灵感时刻就会越来越多，再结合这个错题本一起使用。扬长避短同时进行，我们精进的速度自然也是其他人难以赶超的，希望我们都能遇见更好的自己。

我的错题： 我抗击甲状腺疾病的反思

萌姐示例

Date：2016年9月

来源：自身的经历

抗击甲状腺疾病的故事

重要程度：★ ★ ★ ★ ★

掌握程度：■ ■ ■ ■ ◧

所属知识点：人生效率体系之自我管理中的健康管理部分

人生效率体系

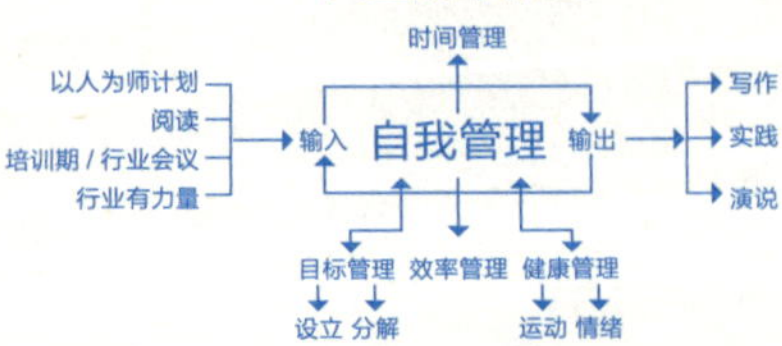

原题 | 错解

原题：由于创业忙碌，生活不规律，导致甲状腺结节

错解：切除甲状腺

正解

制订150天自我康复计划

1. 足够的运动加速新陈代谢
2. 每天摄入食物按照碳水化合物、蛋白质与脂肪配比，来完成自我康复
3. 每天摄入适量的维生素
4. 做到情绪管理，完成自我疗愈

原因分析

1. 因为忙，每顿饭吃外卖
2. 因为忙，每天晚睡
3. 因为忙，不做运动

因为忙，成为不去做很多事的借口

张萌萌姐“人生错题本”案例页面

社群运营，是帮助教育产品迭代快速而有效的办法。

灵感源自 运营下班加油站微信社群关于畅听卡的使用者意见反馈 **日期** 2017.1.15

2018青年大会增设面试专场，为青年助力者提供登上舞台、展现自我、认识自我的机会，并与青年导师对话，提升自我。

灵感源自 与团队开青年助力者计划专题会 **日期** 2016.12.1

不要拘泥于传统咖啡厅的思维逻辑。可为早起者专门设计一种让每位青年都可以不出家门就能喝到健康咖啡的方式。

极北早起者咖啡（目标：新鲜健康）
- 手磨自助：①一套装备：磨豆机、每月新鲜咖啡豆、字母杯、滤袋、定量勺、代漏斗
  ②新鲜→自己手磨→新鲜而健康
- 挂耳：①便于携带→旅行出差必备
  ②新鲜→收到订单→现磨→保鲜包装→抵达消费者

灵感源自 与下班加油站学员访谈，发现他们喝不到健康咖啡 **日期** 2016.11.30

张萌萌姐“灵感笔记”案例页面